W0066067

*Cumulus*

Band 13

# OutdoorHandbuch

### Michael Hodgson & Meeno Schrader

# Wetter

*Cumulonimbus*

# Wetter

Alle Informationen, schriftlich und zeichnerisch, wurden nach bestem Wissen zusammengestellt und überprüft. Sie waren korrekt zum Zeitpunkt der Recherche. Eine Garantie für den Inhalt, z.B. die immerwährende Richtigkeit von Preisen, Adressen, Telefon- und Faxnummern sowie Internetadressen, Zeit- und sonstigen Angaben, kann naturgemäß von Verlag und Autor - auch im Sinne der Produkthaftung - nicht übernommen werden.
Die Autoren und der Verlag sind für Lesertipps und Verbesserungen (besonders per E-Mail) unter Angabe der Auflagen- und Seitennummer dankbar.

Dieses OutdoorHandbuch hat 96 Seiten, 36 farbige Abbildungen und 21 farbige Illustrationen. Es wurde auf chlorfrei gebleichtem Papier gedruckt, in Deutschland klimaneutral hergestellt und transportiert (die Zertifikatnummer finden Sie auf unserer Internetseite) und wegen der größeren Strapazierfähigkeit mit PUR-Kleber gebunden.

Unsere Bücher sind überall im wohl sortierten Buchhandel und in cleveren Outdoorshops in Deutschland, Österreich und der Schweiz erhältlich.

Titelfoto: Cumulus humilis

OutdoorHandbuch aus der Reihe „Basiswissen für draußen", Band 13

ISBN 978-3-86686-013-1    Nachdruck der 4. Auflage

© BASISWISSEN FÜR DRAUSSEN, DER WEG IST DAS ZIEL und FERNWEHSCHMÖKER sind urheberrechtlich geschützte Reihennamen für Bücher des Conrad Stein Verlags

Dieses OutdoorHandbuch wurde konzipiert und redaktionell erstellt vom Conrad Stein Verlag GmbH, Kiefernstraße 6, 59514 Welver, ☎ 023 84/96 39 12, FAX 023 84/96 39 13, ✉ info@conrad-stein-verlag.de, 🖥 www.conrad-stein-verlag.de

[f] Werden Sie unser Fan: 🖥 www.facebook.com/outdoorverlage

Text: Michael Hodgson (Durchsicht dieser Auflage: Torsten Schwinn)
Übersetzung und Bearbeitung: Meeno Schrader
Fotos: Torsten Schwinn, Peter Deeks, Uwe Oppermann, Pia Thauwald, Uwe Krautheimer, Tonia Körner & Dieter Großelohmann
Illustrationen: Eike Becker
Layout: Manuela Dastig
Gesamtherstellung: AZ Druck und Datentechnik GmbH, Kempten

Wir machen Bücher für

Abenteurer **Geocacher** Trekker **Wanderer** Radfahrer **Pilger** **Kanufahrer** Kreuzfahrer **Camper** Globetrotter **Schnee-Begeisterte** **Träumer** Entdeckungsreisende Fremdsprecher **Naturverbundene** **Wohnmobilfahrer** Genießer

die **OUTDOOR** Verlage

**kurzum … für Aktive**

# Inhalt

## Outdoorliteratur und Umweltschutz

- was könnte besser zusammenpassen? Wir vom Conrad Stein Verlag produzieren unsere Bücher so umweltschonend wie möglich.

## Wir drucken klimaneutral!

Wir verwenden nicht nur umweltfreundliche Materialien, sondern arbeiten auch mit einer Druckerei zusammen, die sich für Klimaschutz engagiert.

Dass beim Druck klimaschädliches $CO_2$ entsteht, lässt sich leider nicht vermeiden. Dies versuchen wir aber auszugleichen, indem wir Klimaschutzprojekte unterstützen - z.B. den Bau von Wasserkraftwerken, die besonders wenig $CO_2$ produzieren. So werden die Treibhausgase, die beim Druck unserer Bücher entstehen, an anderer Stelle eingespart.

Auf unserer Homepage finden Sie für jedes Buch eine Climate-Partner-Zertifikatsnummer und einen Link zu der Seite 🖥 www.climatepartner.com. Hier finden Sie weitere Informationen und können sehen, welche Umweltprojekte mit unseren Abgaben gefördert wurden.

## Übrigens ...

... war der Conrad Stein Verlag der erste Buchverlag in Deutschland, der konsequent klimaneutral produzieren und transportieren ließ. Wir hoffen, dass uns viele andere Verlage auf diesem Weg folgen!

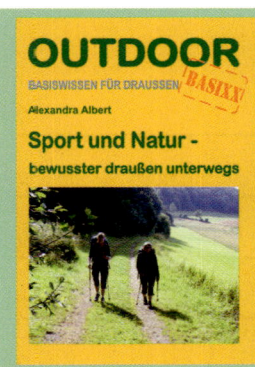

# Vorwort

*„Das Wetter heut' nacht wird dunkel werden, gefolgt von weitflächig gestreutem Licht am Morgen ..."*
    *George Carlin in seiner Wettershow*

Es war vor etlichen Jahren, eigentlich länger her, als ich mich erinnern möchte, da habe ich mit zwei Freunden eine Wanderung entlang dem Appalachen-Weg nördlich des Great Smoky Mountain National Parks unternommen. Wir waren auf einer wochenlangen Rucksacktour, um unsere bereits 16 Jahre andauernde Unabhängigkeit zu feiern.

Kurz nach Einbruch der Dunkelheit, am zweiten Tag unseres Abenteuers, entluden die Wolken, die sich über Stunden aufgetürmt hatten, sintflutartige Wassermassen. Das ging Stunden so. Der Regenguss ging in einen Nieselregen über, der bis zum Abend andauerte. Durchnässt und ziemlich entmutigt trotteten wir in ein Camp, wo wir auf einen alten verkrusteten Wanderer stießen. Der lehnte an einem Rucksack, der wohl ein Prototyp des späteren Treckingmodells gewesen sein könnte. Ich blickte nachdenklich zu der tief hängenden Wolkendecke, die sich bald in dichten Nebel verwandeln würde, und dann zu dem Alten. Der ignorierte entweder unsere Ankunft oder hatte gar nicht bemerkt, dass wir da waren - ich vermute aber Ersteres. Ich schlurfte zu ihm hinüber und fragte etwas unsicher, ohne ihm zu nahe zukommen: „Mister, geht das mit dem Wetter so weiter oder meinen Sie, dass es morgen wieder sonnig sein wird?"

Mit einem Husten schob der Alte die Krempe seines Fellhutes ein wenig hoch, starrte mich und meine Freunde lange an - es kam uns wie eine Ewigkeit vor - und sagte dann schleppend ohne zu lächeln: „Nun Jungs, ich kann euch eines garantieren. Kommt morgen wieder, es wird bestimmt das Wetter der einen oder anderen Art sein. Nass oder trocken, ihr habt sowieso keine große Auswahl! Also, warum die Zeit verschwenden und sich beunruhigen über etwas, was man doch nicht im Griff hat...!"

Mit diesen wenigen Worten der Weisheit richtete sich der alte Mann auf, schulterte seinen Rucksack, tippte respektvoll mit der Hand an seinen Hut in unsere Richtung und verschwand dann in der diesigen Dämmerung.

Ich werde niemals diese Worte vergessen, und doch fehlt ihnen ein wesentlicher Gesichtspunkt, obwohl zum größten Teil viel Wahrheit darin steckt. Das Wetter ist nicht zu ändern. Doch man kann das Lesen und Verstehen von Änderungen im Wetterablauf erlernen. Weiß man diese Änderungen erst richtig zu deuten, dann kann man zwischen blinder Reaktion und zuverlässiger Vorbereitung differenzieren. Häufig liegt hier schon der entscheidende Faktor, der für Komfort und Sicherheit sorgt und das Abenteuer vom Desaster trennt.

Schulen Sie sich, indem Sie Ihr Auge fortwährend auf das Wetter richten und in den Himmel schauen. Je aufmerksamer Sie sind und je mehr Sie lernen, wie das Wetter entsteht, umso mehr Erkenntnisse werden Sie aus Ihren Beobachtungen gewinnen und umso genauer werden Ihre Vorhersagen. Aber vergessen Sie nie - Wettervorhersagen sind nur wohlbegründete Vermutungen, niemals Feststellungen von Tatsachen. Seien Sie immer auf das Schlimmste vorbereitet!

# Wie das Wetter entsteht

*Stratocumulus*

Im Allgemeinen fließt auf der nördlichen Erdhalbkugel warme (tropische) Luft nach Norden und kalte (polare) Luft nach Süden. Wenn man das weiß, wird einem schnell klar, dass Warmfronten mit Warmluftvorstößen von Süden und Kaltfronten mit Kaltlufteinbrüchen von Norden verbunden sind. Auf Wetterkarten und klimatologischen Darstellungen findet man häufig drei Arten von Luftmassen: **maritime Polarluft** (mP), das ist kalte Polarluft, die durch den Ozean verändert wird; **maritime Tropikluft** (mT), das ist warme tropische Luft, die durch den Ozean verändert wird, und **kontinentale Polarluft** (cP), das ist kalte Polarluft, die über Land gebildet wird.

Durch die polaren Luftmassen kann sich das Wetter schnell ändern, und wenn diese Luft dann über Land erwärmt wird, wird sie instabil und turbulent. Damit verbunden sind Cumuluswolken und häufig heftige Niederschläge. Tropische Luft ist stabiler, weil sie schon relativ warm ist. Sie bringt oft Regen mit sich, der dann länger anhalten kann.

Sowohl kontinentale als auch maritime Kaltluft beeinflussen das Wetter in Europa. Maritime Kaltluft führt im Frühjahr zu umfangreichen Nebelgebieten in den Küstenregionen, zu heftigen Stürmen in Südfrankreich oder im Sommer zu ergiebigen Niederschlägen und Gewittern in England, Skandinavien oder im Bereich der Alpen.

Kontinentale Polarluft bringt im Winter oft lang anhaltende Frostperioden mit sehr niedrigen Temperaturen.

Maritime Tropikluft führt im Sommer zu ergiebigen Regenfällen, oft verbunden mit heftigen Gewittern über Frankreich und Spanien, im Winter zu Nebel und diesigem Regenwetter.

Wenn sich eine Luftmasse in der Atmosphäre verlagert, ist ein Kontakt mit anderen Luftmassen unvermeidbar. Die Berührungsflächen, an der zwei unterschiedliche Luftmassen aufeinanderstoßen, nennt man **Fronten**. Für das Verständnis der Wetterentstehung ist ein Überblick über die Wechselwirkungen von Luftmassen an den Fronten außerordentlich wichtig!

Fronten kommen nicht aus dem Nichts. Kräfte, die Drucksysteme genannt werden, sind hier wirksam, welche die verschiedenen kalten und warmen Luftmassen verschieben und ziehen. Hochdruckgebiete auf der Nordhalbkugel lassen Winde entstehen, die im Uhrzeigersinn

aus dem Kern des Hochs wehen, während Winde im Bereich von Tief-
drucksystemen gegen den Uhrzeigersinn in das Tief wehen. Auf der
Südhalbkugel geschieht dies genau andersherum.

Hochdruckgebiete entstehen im Allgemeinen in relativ kalter Luft,
**Tiefdruckgebiete** hingegen da, wo warme und kalte Luft aufeinanderstoßen. Da kalte Luft schwerer ist als warme, übt sie einen Druck auf
die Erdoberfläche aus. Dieser Druck wird durch einen Anstieg des
Luftdruckes auf dem Barometer angezeigt. Umgekehrt steigt warme
Luft auf, was zu geringerem Druck auf die Erdoberfläche führt. Damit
zeigt auch ein Barometer niedrigere Luftdruckwerte an.

Warm- und Kaltluftmassen vermischen sich nur schwer. Sie ver-
drängen sich gegenseitig, trennen voneinander unabhängige Systeme
und wechseln einander ab. Der Wetterbeobachter kann Wetteränderungen feststellen, indem er Luftdruckänderungen und die herrschenden
Winde beobachtet. Mehr hierzu im Kapitel „Die Wettervorhersage".

Obwohl nasses und wechselhaftes Wetter eher mit Systemen niedrigen Luftdruckes, d.h. Tiefdruckgebieten, verbunden ist und schönes
Wetter mit Hochdruckgebieten, manchmal auch Rücken genannt, gibt
es auch Ausnahmen. Das Wetter, das mit einer Warm- oder Kaltfront
einhergeht, muss nicht immer schlecht sein und hängt von der vorherr-
schenden Windrichtung ab. Wenn die Luft über eine signifikant große
Wasserfläche gestrichen ist, kann es, egal ob im Hoch- oder Tiefdruckgebiet, zu Niederschlag kommen.

Wie schnell sich der Luftdruck eines einzelnen Systems ändert, ist
ein Indiz für die Entwicklung, die Dauer und die Heftigkeit des aufziehenden Schlechtwettergebietes. Schneller **Luftdruckabfall** bedeutet,
dass mit dem durchziehenden Tiefdruckgebiet Sturm aufkommt, der
wahrscheinlich nur von kurzer Dauer sein wird. Ist der Druckabfall
langsam und stetig, wird der damit auftretende Starkwind lange anhalten und kann sich noch zum Sturm weiterentwickeln.

**Steigender Luftdruck** bringt gewöhnlich eine Wetterbesserung mit
sich. War der Luftdruck jedoch anfangs sehr niedrig, dann werden erst
für eine Weile intensive Regenschauer durchziehen, bevor die Sonne
durch die Blätter lacht. Ein schneller Druckanstieg führt zu sehr star-
kem Wind oder Sturm und instabilen Wetterverhältnissen.

# Fronten

Treffen Luftmassen von unterschiedlicher Temperatur und Dichte auf-einander, dann vermischen sie sich sehr schlecht. Man denke an eine Gruppe Punks, die auf ein Benefizkonzert von Helmut Lotti trifft - es kommt auf jeden Fall zu Spannungen. Wenn dies also passiert, werden Grenzlinien gezogen, und damit ist eine Front definiert. Es gibt drei Frontentypen: die Warm-, die Kalt- und die okkludierte Front.

## Warmfronten

Warme Luft ist sehr viel stabiler als kalte Luft. Sie ist auch feuchter, mit niedrigeren Wolken und schlechterer Sicht, auch wenn kein Nie-derschlag auftritt. Das Wetter, das im Zusammenhang mit einer Warm-front eintritt, ist typischerweise weniger gefährlich als das an einer Kaltfront. Dafür hält es länger an - Regen kann z.B. mehrere Tage andauern.

*Warmfront mit ihren typischen Wolkenerscheinungen.*
*Die warme Luft gleitet auf die kalte auf.*

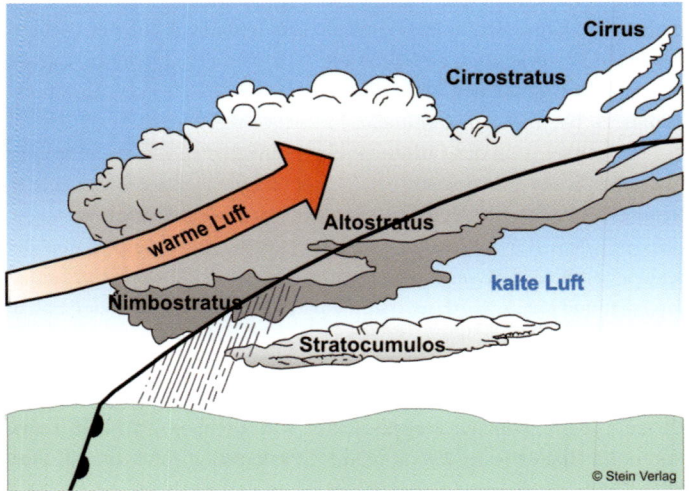

© Stein Verlag

Warmfronten bewegen sich relativ langsam voran, 15 bis 30 km/h, und können bis zu zwei Tage durch eine Abfolge von Wolkenformationen und Luftdruckfall (beim Höhenmesser steigt der Zeiger) vorhergesehen werden. Die gewöhnliche Wolkenformation, die eine herannahende Warmfront anzeigt, wird angeführt durch Cirren, denen dann Cirrusstratus, Altostratus und schließlich Nimbostratus folgen.

Wenn sich eine Warmfront nähert, wird die bis dahin vorherrschende kalte Luftmasse langsam ersetzt, indem sich die warme Luft über die kalte schiebt und diese erwärmt und verdrängt. Die geringe Neigung der Warmfront führt zu einer langsamen Hebung der Warmluftmasse, die dabei allmählich auf ihren Taupunkt abgekühlt wird. Es entstehen Wolken. Diese entwickeln sich in der oben beschriebenen Reihenfolge weiter.

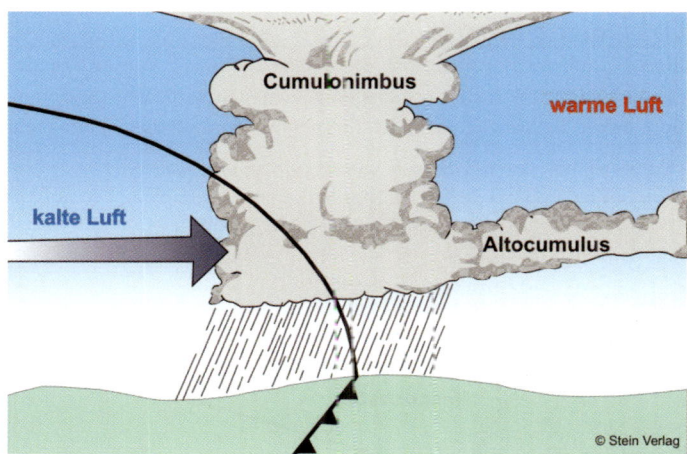

*Kaltfront mit typischem Wolkenbild.*
*Die kalte Luft schiebt sich unter die warme.*

## Kaltfronten

Kalte Luft ist instabiler als warme und damit viel aktiver. Hochaufgetürmte Wolken und eine gute Sicht treten hinter Kaltfronten auf, es sei denn es regnet. Das an einer Kaltfront auftretende Wetter ist häufig rau, in der freien Natur auch gefährlich. Die Wetterverhältnisse an einer Kaltfront dauern typischerweise nicht so lange an, wie an einer Warmfront. Kaltfronten ziehen mit einer Geschwindigkeit von 40 bis 60 km/h und entstehen auf der Nordhalbkugel im Westen oder Norden.

Zieht eine Kaltfront auf, dann schiebt sich die kalte unter die warme Luft, welche zum Aufsteigen gezwungen wird und sich abkühlt. Wird die Luft beim Aufsteigen unter ihren Taupunkt abgekühlt, entstehen Wolken, die hoch hinaus wachsen und aus denen starke Regenschauer fallen können.

Kaltfronten nahen häufig mit nur kurzer Vorwarnung. Die an einer Kaltfront entstehenden Regenwolken sind vom Typ Cumulus, Cumulus congestus und Cumulonimbus. Gewöhnlich geht diesen Altocumulus voraus. Häufig treten an einer Kaltfront Gewitter auf!

## Okkludierte Fronten

Eine okkludierte Front entsteht, wenn eine Luftmasse von zwei anderen eingefangen und zum Aufsteigen gezwungen wird. Was dabei passiert, hängt fast gänzlich von der Temperatur der Luftmassen ab. Zieht

*Okklusion. Die warme Luft wird vom Boden abgezogen. Die (unterschiedlich) kalten Luftmassen vermischen sich.*

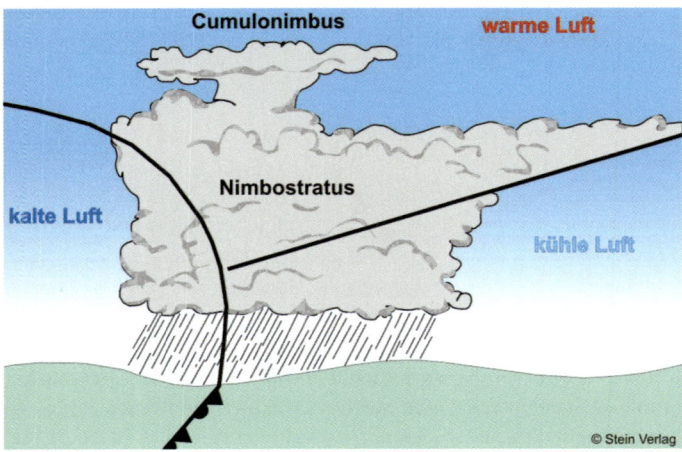

eine Warmfront durch, mit einer Kaltluftmasse vor sich und einer Kaltfront im Rücken, können mehrere Dinge passieren: Ist die Luft hinter der nachfolgenden Front kälter als die Luft vor der Warmfront, dann hebt die hintere Kaltluft sowohl die warme als auch die kalte Luftmasse vor ihr an. Das an diesem Frontentyp auftretende Wetter besteht gewöhnlich aus Gewittern und starken Böen.

Sind die Temperaturverhältnisse umgekehrt, mit kälterer Luft vor der Warmluft, dann schiebt sich die nachfolgende Kaltluft über diese kältere Luftmasse. Dabei kommt es oft zu heftigem Regen.

# Gewitter und Blitzschlag

Sehr kräftige und extreme vertikale Bewegungen einer Luftmasse, sogenannte **Aufwinde**, führen häufig zu Gewittern. Diese Hebungen führen zu beeindruckenden Wolkenformationen, Cumulus und Cumulonimbus, die bis in Höhen von 10 bis 18 km anwachsen können. Die Hebung der Luft kann folgende Ursachen haben: Erwärmung der Luft vom Boden (über dem Kontinent im Sommer z.B. auf der Iberischen Halbinsel), erzwungene Hebung durch eine Kaltfront oder in Meeresnähe durch große Temperaturdifferenzen zwischen Wasser und Land.

Da Temperaturunterschiede die häufigste Ursache für Gewitter sind, entstehen Gewitter gewöhnlich nachmittags, wenn die Temperaturgegensätze zwischen dem Boden und der Luft oder der See am größten sind.

Ein **Gewitter** entsteht, wenn aufsteigende, warme Luft sich abkühlt und kondensiert. Je höher die Wolke wächst, desto stärker ist die Abkühlung - und bald danach fällt Niederschlag.

Indem die Eiskristalle und Regentropfen zu Boden fallen und auf ihrem Weg die Luft in der Wolke abkühlen, kommt es zu starken **Abwinden** und sehr ergiebigen Niederschlägen (Hagel, Regen). Zugleich wird der Temperaturunterschied zwischen der Wolke und der umgebenden Luft langsam ausgeglichen. Der Kaltluftschwall fällt typischerweise vor dem Gewitter aus der Wolke, manchmal direkt davor, manchmal schon 2 km davor, und kann als gutes Anzeichen für ein sehr bald folgendes Gewitter gewertet werden.

Indem die Abwinde an Intensität zunehmen, findet in der Wolke bald nur noch eine absinkende Luftbewegung statt. Die Abkühlung der Luft hört auf, und weil keine weiteren Luftpakete aufsteigen und kondensieren, lässt der Regen nach.

**Blitze** entstehen, weil in der Gewitterwolke und an der Erdoberfläche unterschiedliche Ladungen existieren. Durch die starken Auf- und Abwinde reiben sich die sich schnell bewegenden Luftpartikel aneinander und führen so zum Aufbau von hohen elektrischen Ladungen. Während der Potenzialunterschied weiter anwächst, kommt es in Form von Blitzen zu Entladungen innerhalb der Wolke oder zwischen Teilen der Wolke und der Erde. Bis zu 30 Millionen Volt können in einem einzigen Blitz frei werden. Diese Energie sowie die explosive Erwärmung der Luft lassen den Schall des Donners entstehen.

Es ist möglich, die Distanz zu einem sich nähernden Gewitter abzuschätzen, indem man den Blitz und den nachfolgenden Donner beobachtet. Bei dieser Methode zählt man, sobald es blitzt, die Sekunden bis zum Eintreten des Donners („einundzwanzig, zweiundzwanzig, dreiundzwanzig ..."). Drei gezählte Sekunden entsprechen ungefähr einem Kilometer Abstand. Mit anderen Worten: Zählt man bis sieben, dann liegt man richtig, wenn man annimmt, dass das Gewitter noch zwei Kilometer entfernt ist.

Gewitter sind gefährliche Begleiter, besonders wenn man exponiert auf einem Berg wandert. Wenn ein Gewitter aufzieht, während Sie oder Ihre Gruppe sich auf einem freien Berghügel oder -rücken befinden, treffen Sie die folgenden **Vorsichtsmaßnahmen**:

▷      Verlassen Sie den Rücken oder den Gipfel falls irgend möglich! Schon wenige Meter unterhalb des höchsten Punktes ist man bereits besser aufgehoben.

▷      Entfernen Sie sich von Ihrem Rucksack, da das Metall im Gestell ein elektrischer Leiter ist!

▷      Stellen Sie sich auf eine trockene Fläche, am besten auf den Schlafsack! Ist dieser jedoch im Regen nass geworden, ist er hierfür unbrauchbar, da Wasser elektrisch leitend ist.

▷      Legen oder setzen Sie sich nicht hin! Besser ist es, sich hinzuhocken und dabei die Füße eng aneinander zu stellen. Das hat den Sinn, die verfügbare Oberfläche, durch die mögliche Kriechströme von nahen Blitzeinschlägen fließen können, zu minimieren.

▷ Kauern Sie sich nicht unter einen einzelnen Baum! Das ist dasselbe, als würde man sich neben eine Eisenstange hocken und glauben, sicher zu sein. Wählen Sie stattdessen eine Baumgruppe und platzieren Sie sich in ihrer Mitte oder noch besser: Bleiben Sie auf einer Lichtung.

*Verhalten im Wald zum Schutz vor Blitzen.*

© Stein Verlag

▷ Lassen Sie die Gruppe sich verteilen, wenigstens acht bis zehn Meter voneinander entfernt! Kommt es zum Blitzeinschlag, hat dies den Zweck, den möglichen Schaden und die Verletzungen zu minimieren. In einer verstreuten Gruppe ist die Chance größer, dass nur eine Person, wenn überhaupt, verletzt wird. Damit ist es dem Rest der Gruppe möglich, lebensrettende Maßnahmen durchzuführen, wenn das Gewitter vorbei ist.

▷ Meiden Sie alle Mulden oder Höhlen! Solche Gebiete sind gewöhnlich feucht und damit anfälliger, Strom abzuleiten.

▷        Werden Sie auf einem See im Boot von einem Gewitter über-
         rascht, dann nehmen Sie eine kauernde Stellung in der Mitte des
         Bootes ein! Versuchen Sie möglichst, den Kontakt zu nassen
         Gegenständen zu vermeiden!

# Hurrikane

Hurrikane sind tropische Zyklonen, also Tiefdrucksysteme. Glückli-
cherweise brauchen sich typische Outdoor-Freaks wenig vor ihnen zu
fürchten, da Hurrikane sehr selten weit vom Ozean entfernt auftreten.
Sie entstehen nur über offenen Meeresgebieten, die durch extrem
warme und feuchte Luft gekennzeichnet sind - weshalb sie allg. als **tropische Zyklonen** bezeichnet werden.

   Sobald Hurrikane über eine größere Landmasse ziehen, brechen sie
in sich zusammen und verlieren innerhalb von Stunden ihre Intensität.
Landeinwärts sind sintflutartige Regenfälle der Haupteffekt, den man
von einem Hurrikan spürt. Zum Glück treten dann nicht mehr die sehr
hohen Windgeschwindigkeiten wie an den Küsten auf. Für Amateur-
beobachter ist es fast unmöglich, das Herannahen eines Hurrikans
vorherzusehen. Ihm bleibt nur der nationale Wetterbericht als Information. Die Wolkenformen und der Luftdruckfall vor der Ankunft eines
Hurrikans sind einer Warmfront sehr ähnlich.

# Tornados

Tornados sind die gewaltigsten und intensivsten aller bekannten
Stürme. In ihrem Wirbel werden Windgeschwindigkeiten von über
450 Stundenkilometern gemessen. Gebäude scheinen förmlich zu
explodieren, wenn ein Tornado mit seinem extrem niedrigen Luftdruck
im Wirbelzentrum durchzieht. Die noch in den Häusern befindliche
Luft unter normalem Luftdruck dehnt sich dann so schnell aus, dass die
Gebäude von innen heraus zerfetzt werden.
   Gewaltige Aufwinde von 150 bis 300 Stundenkilometern im Zen-
trum des Wolkenschlauchs bewirken, dass alles, was im Wege liegt,

Hunderte von Metern in die Höhe gesogen und dann weit wegge-
schleudert wird. Über einer Wasserfläche saugt ein solcher Schlauch
Wasser empor, was dann als **Wasserhose** bezeichnet wird.

*Stratus*

# Regen und Schnee

Nicht jede Wolke produziert Niederschlag. Sogar in den Wolken, in
denen welcher entsteht, müssen bestimmte Voraussetzungen dafür vor-
handen sein, ob nun Regen oder Schnee fallen wird.

Jede Wolke besteht aus Millionen von winzigen Wassertröpfchen
oder Eiskristallen. Sie sind tatsächlich so klein, dass jeder Tropfen oder
jedes Kristall von aufsteigender Luft in der Höhe gehalten wird,
obwohl immer die Schwerkraft auf sie wirkt.

Die einzige Möglichkeit für einen Tropfen oder ein Kristall auf
die Erde zu fallen, besteht darin, sich zu vergrößern. Ab einer bestimm-
ten Größe ist dann die Schwerkraft größer als die Hebung. Dieser

Wachstumsprozess wird als **Koaleszenz** bezeichnet. Koaleszenz kann sich auf verschiedene Arten ereignen. Die beiden Hauptursachen kann man so beschreiben:

**1.** Wolkentropfen kollidieren miteinander und werden größer. Wenn sie anwachsen, können sie nicht mehr so sehr von der Luftbewegung herumgeschleudert werden. Infolge ihrer nun größeren Oberfläche kollidieren sie mit immer mehr Wassertropfen, so lang, bis sie schwer genug sind, um als Regen auszufallen.

**2.** Wenn Wassertropfen und Eiskristalle in derselben Wolke auftreten, wie z.B. im Cumulonimbus, so verdunstet ein Teil des Wassers. Dieses kondensiert dann wieder an den Eiskristallen. Während die Kristalle wachsen, fallen sie als Schnee oder Hagel Richtung Erde. In der warmen Luft der niedrigeren Höhen schmelzen sie nun und fallen als Regentropfen zu Boden.

**Schnee** entsteht nur, wenn die übersättigte Luft in der Wolke kalt genug ist, -10 Grad Celsius oder kälter, und wenn genügend Kondensationskerne in der Wolke sind, an denen der Wasserdampf kristallisieren kann. Ist die übersättigte Luft innerhalb der Wolke kälter als -38 Grad Celsius, kann Schnee auch ohne Kondensationskerne entstehen.

# Tau und Frost

**Tau** ist kein Niederschlag. Es ist eher Wasserdampf, der an der Oberfläche von Objekten (wie Zelt, Rucksack, Gras) kondensiert, wenn diese zuvor unter den Kondensationspunkt der sie umgebenden Luft heruntergekühlt wurden.

Tau tritt am häufigsten in der Nähe von Wasserflächen auf, in den Talsohlen nahe einem Bach oder Fluss, und in klaren Nächten, weil dann die Ausstrahlung am größten ist.

**Frost** ist eine Form von Tau. Er tritt jedoch nur auf, wenn die Oberflächentemperatur nahe bei oder unter dem Gefrierpunkt liegt. Frost entsteht, wenn Wasserdampf kristallisiert, statt zu Wassertropfen zu kondensieren.

# Die Jahreszeiten

Die Jahreszeiten entstehen durch die Bahn der Erde um die Sonne. Dabei ist von großer Bedeutung, dass die Erddrehung um ihre eigene Achse um 23,4° zu der Ebene ihrer Umlaufbahn geneigt ist. Wie bitte? Es ist nicht so kompliziert, wie es klingt.

Die Erde dreht sich mit konstanter Geschwindigkeit, alle 24 Stunden eine Umdrehung, um eine Achse - denken Sie an einen Globus. Erinnern Sie sich, wie jeder Globus geneigt ist: um 23,4°. Die Erde umkreist also die Sonne, ein Umlauf dauert 365 Tage. Die Umlaufbahn erfolgt in einer konstanten Ebene. Das bedeutet, dass die Position der Erde im Verhältnis zur Sonne drei unterschiedliche Neigungen annimmt, während die Erde ihre Umlaufbahn durchläuft.

Im **Sommer der Nordhemisphäre** ist der Nordpol der Sonne zugeneigt. Die Nordhalbkugel erhält mehr Sonne, die Tage sind länger, die Sonnenstrahlen fallen hier senkrechter ein. Darum ist der Sommer wärmer als der Winter.

Im **Winter** ist der Südpol der Sonne zugeneigt. Dadurch erreichen die Sonnenstrahlen die Oberfläche der Nordhalbkugel nur unter einem großen Einfallswinkel, die Temperaturen sinken. Im Frühjahr und Herbst sind Nord- und Südpol fast gleich weit von der Sonne entfernt. Die Jahreszeiten treten auf der Südhalbkugel umgekehrt auf.

# Die Wolken

*Stratocumulus*

# Der Wasserkreislauf

Obwohl er kein integraler Bestandteil der Wettervorhersage ist, spielt der Wasserkreislauf eine entscheidende Rolle bei der Bildung von Wolken und dem möglichen Niederschlag, der die Feuchtigkeit zur Erde zurückbringt.

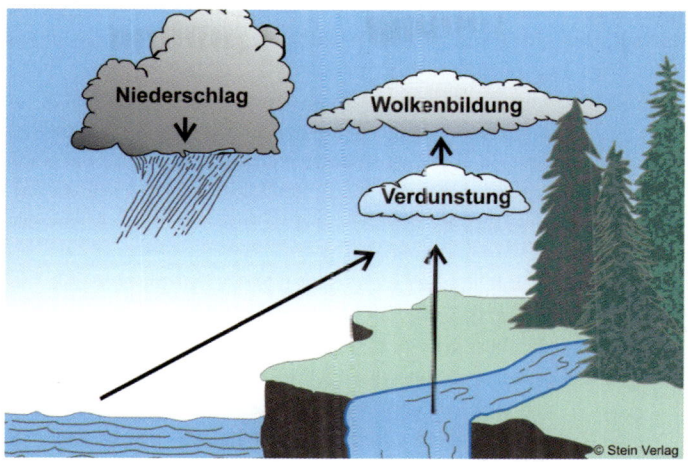

Die Feuchtigkeit in der Luft kommt aus vielen Quellen. In die Atmosphäre verdunstet Wasser von Ozeanen, Seen, Teichen, Flüssen, Feuchtwiesen - aus jedem offenen Wasserkörper, der mit Luft in Kontakt kommt. Wenn diese warme, feuchte Luft abkühlt, sei es adiabatisch oder durch den Kontakt mit kälterer Luft, so kondensiert der Wasserdampf in der warmen Luft. Wolken entstehen, und schließlich fällt das Wasser zwangsläufig wieder als Niederschlag auf die Erde - als Regen, Schnee, Hagel, usw.

Man muss dabei auch bedenken, dass alle lebenden Organismen, Pflanzen und Tiere, Wasserdampf abgeben. Tiere durch das Atmen, Pflanzen über ihre Blätter. Diese Feuchtigkeit tritt ebenfalls in den Wasserkreislauf ein. Dieser ist ein endloser Prozess, in dem Wasser verdampft, kondensiert, verdampft, kondensiert und so weiter usw.

# Entstehung von Wolken

Im Allgemeinen entstehen Wolken durch Wassertröpfchen und Eiskristalle, die durch turbulente Luftbewegungen in der Luft gehalten werden. Indem die Feuchteteilchen in den Wolken in Zahl und Größe zunehmen, werden sie zu schwer und fallen als Niederschlag auf die Erde. Diese Wassertröpfchen und Eiskristalle durchlaufen alle, wie sie da sind, denselben Weg. Durch Abkühlung sinkt die Lufttemperatur unter ihren Tau- oder Kondensationspunkt.

Wolken können auf die unterschiedlichsten Weisen entstehen:

▷      Wolken entstehen, wenn Luft adiabatisch abgekühlt und erwärmt wird, indem sie über einen Bergrücken oder -gipfel geführt wird.

▷      Indem sich eine Kaltfront unter eine Warmluftmasse schiebt, bilden sich Wolken, weil nun die warme Luft durch das Aufsteigen abgekühlt wird und kondensiert.

▷      Wenn die Erde in einer wolkenlosen Nacht Wärme abstrahlt, bildet sich Nebel nahe der Erdoberfläche, weil hier warme Luft mit der kalten Oberfläche in Kontakt kommt.

▷      In Küstenregionen entsteht sehr oft Nebel und Dunst, der sich durch warme Meeresluft bildet, welche über Land abgekühlt wird und kondensiert. Dieselben Verhältnisse können auf jede größere Wasserfläche übertragen werden.

▷      Niederschlag, der aus hohen Wolken fällt, kühlt manchmal die Luft in niedrigeren Höhen und bewirkt so die Bildung tiefer Wolken.

# Was bedeuten die Wolken?

Der Wetterinteressierte kann durch die andauernde Beobachtung von Wolken einige recht genaue Schlüsse über die Änderung der Wetterlage ziehen. Vermehren sich die Wolken und nehmen sie in ihrer Größe und Dichte zu, verschlechtert sich das Wetter wahrscheinlich. Beginnen die Wolken schneller am Himmel zu ziehen, deutet dies auf eine Änderung in der Windgeschwindigkeit und damit auf eine Änderung des Luftdruckes hin, was wiederum den Aufzug von schlechtem Wetter anzeigen kann.

Es ist möglich, wenn auch manchmal schwierig, die Bewegung von zwei oder mehr Wolkentypen am Himmel zu beobachten. Diese Möglichkeit besteht deshalb, weil die Wolken in unterschiedlichen Formen und Höhen auftreten. Wolkengebilde, die in verschiedenen Höhen in andere Richtungen ziehen, kündigen häufig ein Schlechtwettergebiet an.

Kleine, dunkle Wolken bringen oft Regen. Jagende Wolken, kleine dunkle Cumuluswolken, die unter einer dunklen oder sich verdunkelnden Stratusschicht entlangfegen, deuten auf ein bevorstehendes Unwetter mit Wind.

Also, beobachten Sie die Wolkenzugbahn und die Windrichtung gleichzeitig! Man kann annehmen, dass das Wetter aus der Richtung kommt, woher der Wind weht, wenn Windrichtung und Wolkenzugrichtung übereinstimmen.

# Wolkentypen

## Cirren

Cirruswolken bestehen vor allem aus Eiskristallen und treten häufig zusammen mit anderen Wolkenformen, besonders Cirrocumulus, auf. Man kann durchaus behaupten, dass Cirren zu den schönsten Wolkentypen gehören, da sie milchig weiße Spiralen und Wirbel in den Himmel malen. Eine der Cirrusarten sieht aus wie ein Pferdeschweif.

*Cirrus*

## Cumuluswolken

**Cumulus**: Dieser Wolkentyp wird auch als Haufenwolke bezeichnet, da er eine angehäufte, flauschig wirkende Form annimmt.

*Cumulus*

**Cirrocumulus (Cc)**: Dies sind Haufenwolken ab ca. 6.000 m Höhe. Sie treten sehr oft zusammen mit Cirren auf. Cirrocumulus deutet auf eine instabile Schichtung der Luft, was auf zu erwartenden lang anhaltenden Regen schließen lässt.

*Cirrocumulus*

**Altocumulus (Ac)**: Flauschige oder aufgequollene Wolken in mittleren Höhen (gewöhnlich um die 2.500 m). Beobachtet man sie am frühen Morgen, dann deuten Altocumulus castellanus (cas) auf Gewitter oder Niederschlag innerhalb der nächsten 24 Stunden hin, häufig am Nachmittag desselben Tages.

*Altocumulus*

**Cumulonimbus (Cb)**: Eine sehr massive Wolke, die häufig aus einem Cumulus congestus (Cu con) entsteht, mit einer breiten Basis bei ca. 500 m bis 1.500 m beginnend und bis ca. 15.000 m - hoch sein kann. Der obere Teil des Cumulonimbus ist zerfasert oder hat die Form eines Ambosses. Zu ihm gehören starke Platzregen, Hagel, Blitze und Donner.

**Schönwettercumulus (Cu hum)**: Eine niedrige Haufen- oder Cumuluswolke, die sich meist am späten Vormittag oder frühen Nachmittag bildet. Diese Wolken sind nicht sehr dicht, daher weiß und sauber voneinander getrennt. Sie bilden sich durch Thermik.

*Cumulus congestus*

**Quellender Cumulus (Cu med)**: Eine Haufen- oder Quellwolke mit mittlerer vertikaler Ausdehnung, die sich ebenfalls am späten Vormittag oder frühen Nachmittag bilden kann. Wetterbeobachter bezeichnen diese Wolken gerne als Blumenkohlwolke, weil ihre Unterseite flach ist und sie nach oben ausbeult. Ein quellender Cumulus ist ein Zeichen für instabil geschichtete Luft. Solche Wolken treten besonders in Küstengebieten im Sommer, an der Luvseite eines Berges und im Bereich von schwachen Kaltfronten auf.

**Cumulus congestus (Cu con)**: Der Cumulus congestus ist eine stärker ausgeprägte Form des quellenden Cumulus, die durch eine kräftige vertikale Hebung von warmer Luft in einer sehr instabilen Luftmasse entsteht und dadurch weit über die Höhe von 4.000 m anwachsen kann. Da die Wolke auch in den obersten Bereichen noch vorwiegend aus Wassertröpfchen und nicht aus Eiskristallen besteht, sind ihre Ränder überall scharf begrenzt.

## Stratus

Stratus bedeutet „geschichtet" und bezeichnet eine Wolkenform, die im Wesentlichen formlos ist, ohne definierbare Unter- oder Oberseite.

Nebel ist eine Form der Stratuswolke, die dicht über dem Boden liegt und entsteht, wenn die Erdoberfäche auskühlt. Diese Abkühlung verringert die Temperatur der Luft darüber, bis schließlich Kondensation eintritt.

*Stratus*

**Cirrostratus (Cs)**: Hohe schleierartige Wolken (in Höhen ab 6.000 m), die aus Eiskristallen bestehen und häufig einen großen Teil des Himmels einnehmen. Im Cirrostratus können sehr oft Halos (Lichthöfe) beobachtet werden, die anzeigen, dass die Wolken weiter zunehmen werden und es innerhalb der nächsten 48 Std. Niederschlag geben wird.

**Altostratus (As)**: Sie gehören zu den mittelhohen Wolken (gewöhnlich in einer Höhe von rund 2.500 m), sind flach oder gefurcht und dunkelgrau. Sie können die Anzahl der Stunden bestimmen, bis es zu regnen beginnt:

*Cirrostratus mit Halo*

*Altostratus*

▷ ca. 9 Stunden: Die Sonne ist ein wenig getrübt, aber mit schar-
   fem Rand durch die Wolkenschicht erkennbar.

▷ ca. 6 Stunden: Die Sonne ist nur noch als heller Fleck in der
   Wolkenschicht erkennbar.

▷ bis 3 Stunden: Die Sonne ist ganz verschwunden und unter der
   Wolkenschicht nicht mehr sichtbar.

**Nimbostratus (Ns)**: Dunkle, tiefhängende, dicke Wolken.

*Nimbostratus*

**Föhnwolken**: Sie sind am besten aus den Alpen bekannt und heißen
eigentlich Altocumulus lenticularis. Es sind linsenförmige Wolken, die
hinter Berggipfeln in der überquerenden Luftströmung entstehen.
Wenn die Luft beim Anströmen gezwungen wird, den Bergrücken
hochzuklettern, kühlt sie ab, kondensiert und bildet eine Wolke. Indem
die Luft den Gipfel überströmt und auf der Rückseite wieder abfließt,
erwärmt sie sich, und die Feuchtigkeit verdunstet.

Da Kondensation nur im Bereich der Bergspitze einsetzt, bildet sich auch nur hier die Wolke. Obwohl ein Wind über den Gipfel weht, bleibt die Wolke stationär.

*Föhnwolken*

© Stein Verlag

# Wettervorhersage mithilfe der Wolken

Im Folgenden sind einige allgemein gültige Regeln aufgeführt. Sie helfen, etwaige Wetteränderungen vorherzusehen, indem man die Wolkenzugbahnen und -abfolgen beobachtet.

## Kaltfront

Die plötzliche Entstehung von Altocumulus, schnell gefolgt von Stratocumulus und schließlich Cumulonimbus zeigt eine heranziehende Kaltfront an.

## Warmfront

Eine nahende Warmfront und Regen kündigen sich durch eine Bewölkungszunahme über 24 Stunden an. Sie wird mit Cirrostratus eingeleitet, dann folgt Altostratus und schließlich Nimbostratus.

Allgemein gilt: Je länger die Wolkenverdichtung dauert, desto länger hält das Regenwetter an.

# Haben Sie noch Probleme, Wolken zu identifizieren?

Das Erkennen von Wolken erfordert Übung, Übung und nochmals Übung! Versuchen Sie, bei der Erkennung systematisch vorzugehen, und schon bald werden Sie keine Probleme mehr haben. Bestimmen Sie zuerst, ob die Wolke gehäuft, geschichtet oder am Abregnen ist (Hinweis: Wenn Sie nass werden, ist die Wolke am Abregnen ...).

Treten nur Haufenwolken auf, dann bestimmen Sie den vertikalen Durchmesser. Um einen Schönwettercumulus (Cu hum) handelt es sich, wenn die Wolke breiter als hoch und oben abgeflacht ist. Bei einem vertikalen Durchmesser bis ca. 3.000 m handelt es sich um einen anwachsenden Cumulus (Cu med), darüber um einen Cumulus congestus (Cu con).

Sind die Wolken schichtförmig, dann bestimmen Sie nur die Untergrenze! Liegt die Wolke zwischen 100 und 400 m, ist es ein Stratus (St). Sie wird auch als Hochnebel bezeichnet. Hat sie sich zwischen 2.500 und 6.000 m gebildet, handelt es sich um Altostratus (As). Bei einer Entstehung über 6.000 m ist es ein Cirrostratus (Cs).

Sind die Wolken aber geschichtet und haufenförmig, dann versuchen Sie, die Höhe der unteren Grenze abzuschätzen! Es handelt sich um Stratocumulus (Sc), wenn die Wolken zwischen 400 und 2.500 m entstanden sind. Sie heißen Altocumulus (Ac), wenn sie sich zwischen 2.500 und 6.000 m bilden, und Cirrocumulus (Cc), wenn sie über 6.000 m liegen.

☺ Passt die Wolkenscholle am gestreckten Arm unter einen Finger, handelt es sich um Cirrocumulus, passt sie unter drei Finger sind es Altocumulus, passt sie dagegen unter eine Hand handelt es sich um Stratocumulus.

Tritt stetiger Niederschlag auf, der zwischen leichter und mäßiger Intensität schwankt, oder ist es sehr diesig, dann heißt die Wolkenform Nimbostratus. Treten jedoch Schauer abwechselnd mit mäßiger bis kräftiger Intensität auf, dann handelt es sich um Cumulonimbus.

# Geografische
# Wetterschwankungen

*Cumulonimbus*

Sind Sie auf einem Bergrücken und das Wetter ist warm und sonnig, dann kann es sehr wohl sein, dass es im tiefer liegenden Tal deutlich kälter ist. Wie ist das möglich? Man kann Temperatur- und Feuchteschwankungen auf mikroklimatische Einflüsse zurückführen. Durch unterschiedliche solare Erwärmung, Einstrahlung und Abkühlung infolge von Verdunstung entstehen Unterschiede in den Temperaturverhältnissen und damit verschiedene Mikroklimate. Wenn man nun weiß, was das ist und wie sich Mikroklimate auswirken, dann kann man besser entscheiden, ob man eine frische Nacht zusammengekauert in seinem Schlafsack in einer Kaltluftsenke verbringen oder sich lieber bequem mehrere hundert Meter entfernt im Mondlicht aalen will.

Doch eines muss klar sein: Ist das Wetter mies, dann bilden sich nur schwache Mikroklimate. Schlechtes Wetter gibt der Bildung von Mikroklimaten kaum eine Chance.

# Adiabatische Temperaturschwankungen

Steigt Luft auf, dann kühlt sie sich auf 100 m um ungefähr 1°C ab. Um denselben Betrag erwärmt sie sich auch wieder, wenn sie absinkt. Trifft nun eine Luftströmung auf einen Berg, dann wird sie gezwungen, über diesen hinwegzufließen. Dabei verringert sich der Luftdruck, die Luft dehnt sich aus und damit sinkt die Temperatur. Schwappt dieses Luftpaket über einen Gipfel, dann steigt seine Temperatur beim Absinken wieder an, weil der Luftdruck wieder zunimmt und das Paket zusammendrückt. Adiabatische Erwärmung und Abkühlung tritt jedoch nicht nur an Bergen auf. Jede Luftmasse, die in der Atmosphäre aufsteigt oder absinkt, wird adiabatisch abgekühlt oder erwärmt.

Dieser Prozess wird durch die **Kondensation** verändert. Wo gerade adiabatische Abkühlung die Temperatur verringert, führt jede Kondensation zu einer Erhöhung. Der Nettoeffekt bei einer feuchten Luftmasse, die über den Berg geführt wird, ist eine mittlere Abkühlung um 0,6°C pro 100 m. Hat das Luftpaket den Gipfel erreicht, erwärmt sich die Luft wieder beim Absinken, jedoch tritt jetzt keine Kondensation mehr auf. Damit erwärmt sich diese (trockene) Luft um 1°C pro 100 m Höhenverlust.

*2.000-er mit vertikaler Temperaturverteilung*

*2.000-er mit adiabatischer Abkühlung und Erwärmung*

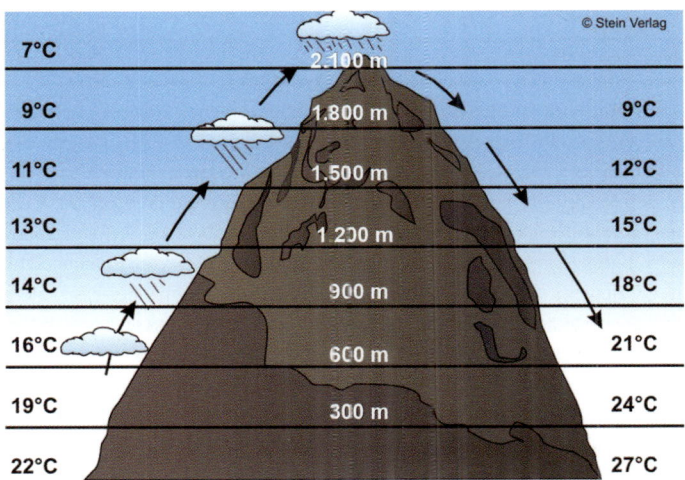

Was bedeutet dieses ganze Kauderwelsch? Lassen Sie uns z.B. einen 2.000 m hohen Berg betrachten. Wenn mit Feuchtigkeit beladene Luft an einem Berg aufsteigt, dann kühlt sie sich ab und kondensiert. Häufig entsteht dabei ein lokales Wettersystem mit Regenschauern und leichten Winden. Nehmen wir einmal an, dass Kondensation und Niederschlag in 600 m Höhe einsetzen (Abbildung Seite 39 unten). Hat die Bodentemperatur einen Wert von 22°C gehabt, dann hat sich die Luft in 600 m auf ca. 16°C abgekühlt (auf 100 m um 1°C). Zwischen diesem und dem Gipfelniveau ist die Luft kondensiert und kühlt sich somit langsamer ab (um 0,6°C auf 100 m), was zu einer Gipfeltemperatur von ca. 8°C führt.

Überquert diese Luftmasse die Bergspitze und beginnt abzusinken, dann verdunsten die Wolken schnell auf den nächsten 300 m Höhenunterschied. Da auf dieser Strecke eine feuchtadiabatische Erwärmung erfolgt, liegt die Lufttemperatur in 1.700 m Höhe bei 10°C. Von hier bis zum Boden erwärmt sich das Luftpaket mit der trockenadiabatischen Rate, weil die relative Feuchtigkeit weiter sinkt. Dies führt am Ende zu einer Bodentemperatur von 27°C - wärmer als die Luft vor dem Aufsteigen auf der anderen Bergseite in derselben Höhe gewesen ist.

# Föhn

Mit Föhn wird im Allgemeinen ein Wind bezeichnet, der als trockener, sehr warmer **Fallwind** besonders im Alpenvorland auftritt. Es gibt ihn aber auf der ganzen Erde, wo er oft lokal einen eigenen Namen hat, z.B. in den Rocky Mountains Chinookwind. Er tritt überall dort auf, wo Luft gegen eine Bergkette strömt. Eine Föhnwetterlage besteht, wenn großräumige und ausgeprägte Tief- oder Hochdruckgebiete diese Anströmung über einen längeren Zeitraum bewirken und so die Luftmassen über einen Berg zwingen. Was mit der Luftmasse beim Überschreiten der Bergkette geschieht, wurde im letzten Abschnitt beschrieben. Zu den dort aufgeführten markanten Wettererscheinungen, Wolken und Regen auf der Luvseite des Gebirges, sonnig-warmes Wetter in Lee, entsteht noch ein starker warmer Wind in Lee. Dieser kann auch Sturmstärke erreichen und über einen Tag lang anhalten, wenn er von großräumigen Luftdruckunterschieden aufrechterhalten wird.

# Berge und Täler

Sind Sie irgendwo in einem Gebirge unterwegs, dann wird Ihnen immer wieder dasselbe Phänomen begegnen: Am Tage weht der Wind die Berge hinauf, in der Nacht weht er den Berg hinunter. Warum? Zwei Kräfte sind hier am Werk, die beide durch Wärmestrahlung verursacht werden, da die Erdoberfläche in einer klaren Nacht mehr Wärme verliert, als sie speichern kann.

Wenn der Boden Wärme abgibt, dann steigt diese auf und der Untergrund kühlt ab. Die bodennahe Luft kühlt ebenfalls schnell ab, und weil sie dichter ist als warme Luft, beginnt sie, wie Wasser bergab zu fließen - in die Täler oder in das Vorland. Während die kalte Luft bergab strömt (das ist der Wind, den wir spüren), wird die warme Luft ersetzt, indem diese zum Aufsteigen gezwungen wird und somit eine Luftzirkulation bewirkt. Dadurch, dass die ganze warme Luft vertrieben wird, sammelt sich die kalte Luft in den Niederungen und bildet sogenannte **Kaltluftsenken**.

In breiten, hauptsächlich mit Weideland bedeckten Tälern können sich Frostgebiete bilden, obwohl die Temperaturen rund 150 bis 300 m höher bei angenehmen 10°C liegen. Je breiter das Tal und je steiler die umgebenden Berge sind, desto ausgeprägter sind die Temperaturgegensätze.

Je enger das Tal, desto weniger krass fällt der Temperaturunterschied zwischen Bergspitze und Talsohle aus. Beide Berghänge strahlen Wärme ab und empfangen auch solche von der anderen Seite. Damit wird der Wärmeverlust des Bodens effektiv reduziert.

Beginnt nun die frühe Morgensonne das Tal aufzuwärmen, dann ändert der Wind seine Richtung und fängt an, den Berg hinaufzuwehen, sobald die warme Luft aufsteigt. Denken Sie jedoch daran, dass die Luft nur aufsteigen kann, wenn die Sonne den Boden darunter aufheizt. Dies ist der Grund dafür, dass auf der Seite des Tales, die die Sonne zuerst erfasst, schon Bergaufwinde herrschen, während auf der schattigen Seite noch ein kühler Bergabwind weht.

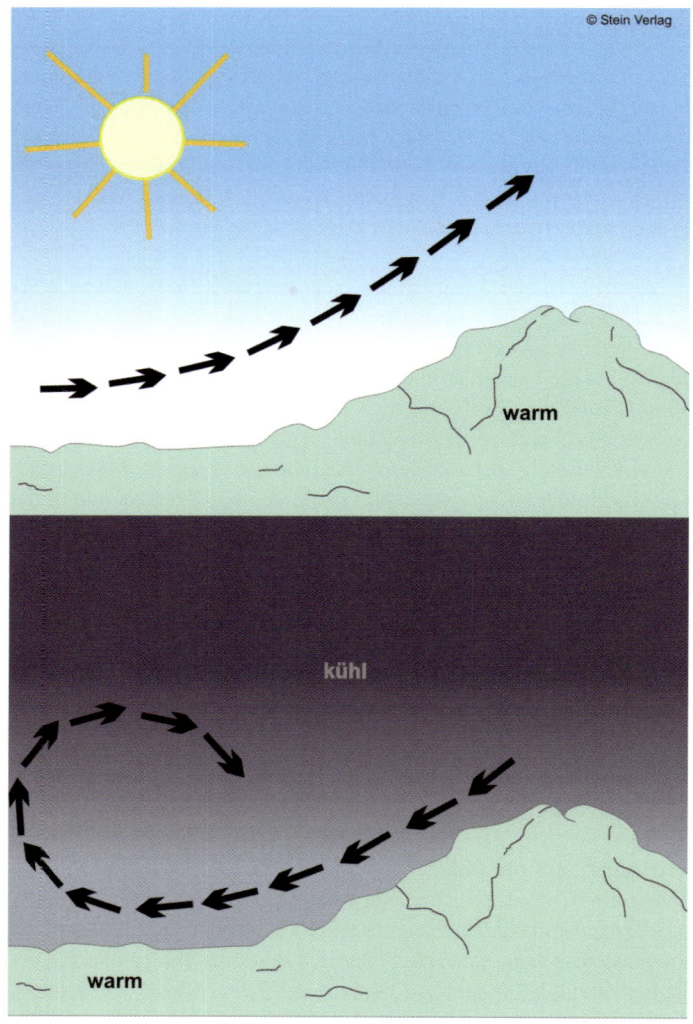

*Oben: Bergaufwinde am Tag; unten: Bergabwinde in der Nacht*

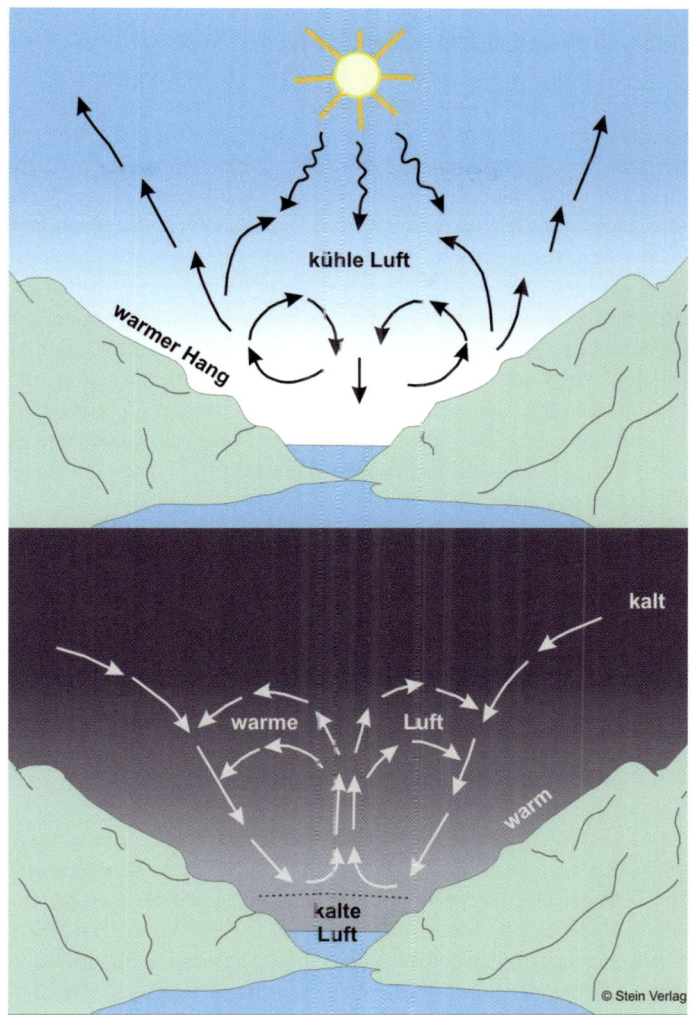

*Luftzirkulation im Tal. Oben: tagsüber; unten: nachts.*

Diese topografisch bedingten Variationen des Windes und der Temperatur sind kaum noch ausgeprägt, sobald es bewölkt ist oder ein starker Wind weht. Wolken wirken als Isolator und reduzieren den Wärmeverlust, indem sie eine warme Luftschicht dichter über der Erdoberfläche erhalten. Großräumig verursachter Wind überlagert die leichten Bergauf- und Bergabwinde und gleicht die Temperaturgegensätze aus.

Der Wind, der ein Tal oder eine Schlucht hinauf- oder herunterweht, entsteht sehr ähnlich wie der gerade beschriebene Wind, der einen Berg hinauf- bzw. herunterweht. Der Wind ändert seine Intensität und Richtung mit den Temperaturunterschieden zwischen den Erhebungen (Bergrücken oder Gebirgsausläufer) am einen Ende des Tales und den Niederungen (Talauslauf, Ebene) am anderen Ende. Kanuten und Paddler kennen diese Erscheinung nur zu gut, wenn am Nachmittag der Wind talaufwärts weht und man gegen ihn ankämpfen muss. Bedenken Sie aber auch, dass Täler und Schluchten den Wind kanalisieren und es sehr häufig der Fall ist, dass der Wind unabhängig von der Tageszeit das Tal entlangweht.

# Schneefelder und Gletscher

Gletschergebiete oder Gebiete in den Alpen, in denen ganzjährig Schnee liegt, erzeugen ein lokales Windsystem in den unter ihnen liegenden Tälern. Diese Winde entstehen, wenn die auf dem Gletscher liegende kalte Luft abfließt und die wärmere Luft im Talbereich ersetzt. Diese Winde sind nur mäßig stark und halten auch nicht lange an. Sie treten auch nur in einem Abstand von ca. einem halben Kilometer vom Schneefeld auf.

Winde, die ihren Ursprung über dem Gletscher oder dem Schneefeld haben, bleiben nur so lange erhalten, wie der Temperaturgegensatz zwischen der Bodentemperatur über dem Schnee und der Temperatur unterhalb des Schneefeldes oder der Gletscherzunge besteht. Der kalte Wind, der aus den Eishöhlen unter einem Gletscher weht, hat auch einen bedeutenden Einfluss auf die Wachstumsperiode der Pflanzen. Diese beginnen erst Wochen später zu blühen, im Vergleich zu Pflanzen, die nur einige hundert Meter entfernt wachsen.

# Die alpine Landschaft

In alpinen Gegenden weht immer ein Wind. Er lässt die Lippen aufspringen, dehydriert den Körper, kühlt die Haut aus und bestimmt im Allgemeinen, wo welche Pflanzen wachsen. Lokal auftretende Bergaufwinde setzen gegen Morgen ein, wenn die Sonne die tiefer liegenden Gebiete erwärmt.

Bei Sonnenuntergang tritt der entgegengesetzte Effekt auf, bei dem Bergabwinde einsetzen, die durch die schnelle Abkühlung der Bergrücken entstehen. Wanderer und Bergsteiger wissen, dass sie nicht in der Nähe von oder in einem subalpinen Tal übernachten sollten, weil es hier sehr kalt werden kann - viel kälter als in der Hochebene darüber.

Die Windverhältnisse in alpinen Gegenden werden durch das Gebirgsrelief beeinflusst - insbesondere durch Felsvorsprünge, steile Felswände oder Hänge und enge Schluchten oder Täler. Diese Abwechslungen in der Oberfläche lassen lokale Windböen oder Wirbel entstehen, oder es kommt zu sogenannten **Düseneffekten**.

Wird Luft durch eine Enge gezwängt, dann fällt lokal der Luftdruck, und die Luftteilchen werden beschleunigt. Eine solche Enge kann z.B. ein Pass sein, der in den Bergrücken eingelassen ist. Auf der Vorderseite weht nur ein leichter Wind, während jedoch im Durchlass oder auf dem Pass die Windgeschwindigkeit Sturmstärke erreichen kann.

# Wüsten

Thermisch bedingte Tiefdrucksysteme entstehen häufig über sehr trockenen Sandböden oder über Wüsten (z.B. über der spanischen Hochebene).

Wenn stark aufgeheizte Luft gen Himmel steigt, dann fehlt diese Luft am Boden, ein Gebiet mit niedrigem Luftdruck entsteht, das aufgefüllt werden muss. Die Folge ist ein starker horizontaler Wind, der den Druckunterschied auszugleichen versucht. Dabei entstehen Sandstürme, Tromben (Wirbelwinde in Form von Windhosen) und Staubteufel.

# Seen und Ozeane

Jeder, der schon einmal an der Küste einer großen Wasserfläche ent-
langgewandert ist, sei es der Ozean oder ein großer See, der kennt die
tagsüber auftretenden **Seewinde** und nachts wehenden **Landwinde**.
Wie bei den Schneefeldern und den Gletschern müssen Temperaturunterschiede zwischen Land und Wasser existieren, damit Wind entsteht.
Ähnlich der Situation bei den Gletschern reduzieren Wolken diesen
Gegensatz. Diese Winde entstehen nur, wenn es am Tag sonnig und in
der Nacht wolkenlos ist.

Im Allgemeinen setzt der Seewind im Laufe des Vormittages ein
und hält bis zum frühen oder mittleren Nachmittag an. Der Wind ist in
der Stärke mäßig und führt typischerweise zu einem spürbaren Tempe-
raturrückgang um 5 bis 10°C auf Werte ähnlich der Wassertemperatur.
Am Abend und frühen Morgen ist es oft windstill. Der ablandige Wind
(Landwind) setzt kurz nach Einbruch der Dunkelheit ein und dauert bis
zum Morgen an.

# Stadtgebiete

Städte haben ihr eigenes typisches Mikroklima. Die dichte Bebauung, der
hohe Bevölkerungsanteil und die konzentrierte Produktion von Schadstoffen
führen dazu, dass die Luft und das Wetter in der Stadt oft sehr unterschiedlich sind im Vergleich zu den Bedingungen, die nur wenige Kilometer außerhalb herrschen.

Da die Gebäude die kurzwellige Strahlung absorbieren, wird die
Wärme am Boden gehalten. Zusätzlich verhindern die Schmutzpartikel
in der Luft über der Stadt, dass die Wärme in die freie Atmosphäre
abgestrahlt werden kann. Das führt dazu, dass die Temperaturen in den
Städten oft 2 bis 4°C über denen des Umlandes liegen. Dieses Phänomen wird **Stadtklima** genannt. Städte erwärmen infolge ihrer höheren
Temperaturen die Luft von unten und können diese so zum Aufsteigen
zwingen. Die Folge können dann Niederschläge über dem Stadtgebiet
sein, während es außerhalb trocken bleibt.

☞ Abbildung Seite 50

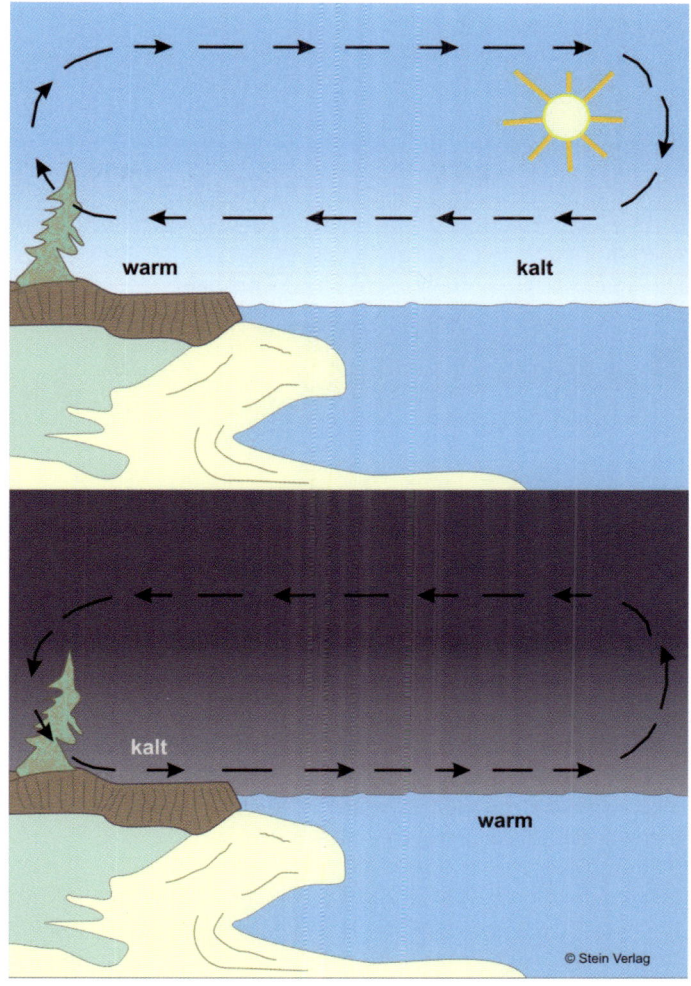

*Land-Seewind-Zirkulation.*
*Oben: Seewind am Tag; unten: Landwind in der Nacht.*

*Hitzeglocke über einer Stadt*

© Stein Verlag

# Allgemeine Richtlinien

Mikroklimate sind so variabel wie die Topografie, über der sie entstehen. Dennoch können ein paar allgemeine Schlüsse gezogen werden.

Bewaldetes Gebiet ist meistens im Winter wärmer und im Sommer kühler als offene, unbewaldete Gebiete. Die Windgeschwindigkeit ist im Wald geringer und die Feuchtigkeit höher als in der baumlosen Ebene.

Täler haben niedrigere Tagestemperaturen, größere Temperaturschwankungen, sind kälter und feuchter und damit häufiger neblig als höher liegende Gebiete im Gebirge. Die Windgeschwindigkeit ist wiederum in den Tälern geringer als auf den Bergen.

# Die Wettervorhersage

# Luftdruckänderungen:
# Die Bedeutung des Höhenmessers

Ein Höhenmesser ist in Wirklichkeit ein Barometer und damit fähig, relative Änderungen des Luftdruckes zu messen. Durch die Anbringung einer entsprechenden Skala können Höhenänderungen abgelesen werden. Wegen seiner kompakten Bauweise ist ein Höhenmesser nicht ideal, um mit der vom Wetterdienst verlangten Genauigkeit Luftdruckschwankungen zu messen, aber für den Amateurgebrauch ist er genau genug.

Das Innere eines Höhenmessers ist recht einfach. Es besteht aus einer luftleeren Dose, die bei höherem Druck (das ist der Druck, der eher in Meereshöhe gemessen wird) zusammengedrückt wird und die

*Höhenmesser*

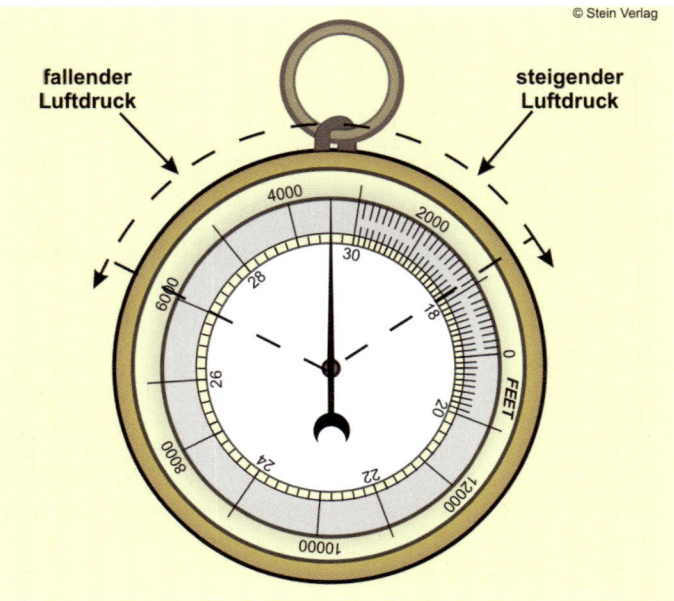

*Aneroidbarometer (Dosenbarometer)*

sich bei niedrigerem Druck ausdehnt (je höher man klettert, desto geringer wird der Druck). Über feine Getriebe und Hebel wird die Information von der Dose auf einen Zeiger gebracht.

Allgemein gilt: Sagt der Wetterdienst fallenden Luftdruck vorher, dann zeigt der Höhenmesser höhere Werte an. Andersherum wird ein Ansteigen des Luftdruckes auf einem Höhenmesser als abnehmende Höhe angezeigt.

Wie verhält sich dies zu Wetteränderungen? Ohne zu sehr ins Detail gehen zu wollen, bedeutet ein Luftdruckanstieg, also ein fallender

*Das Standardmessgerät zur Feststellung des Luftdrucks ist das Stationsbarometer*

Höhenwert an einem festen Ort, eine Verbesserung oder eine Fortsetzung des guten Wetters. Ein Luftdruckfall bzw. eine Zunahme der Höhenwerte sind Anzeichen für eine Wetterverschlechterung.

Seien Sie davor gewarnt, dass jede schnelle Änderung des Luftdruckes, egal ob nach oben oder unten, eine Wetteränderung bedeutet, und diese erfolgt nicht immer zum Guten! Langsame Änderungen deuten auf eine stabile Wetterlage (trocken oder nass) hin, die eine Weile andauern kann.

# Auskühlung

Der Windauskühlungsindex gibt den aktuellen Auskühlungseffekt von nackter Haut an, wenn sie dem Wind ausgesetzt wird. Obwohl die Auskühlung infolge von Wind nur sehr wenig damit zu tun hat, das Wetter vorherzusagen, ist es dennoch wichtig, sich vor Augen zu führen, welche Wirkung Wind und Temperatur auf den menschlichen Körper haben. Wenn man dies als Outdoor-Freak weiß, dann kann man sichere Entscheidungen bezüglich der Reise und der Kleidung treffen.

Der Auskühlungsindex H berechnet sich folgendermaßen:

$$H = dT * (9.0 + 10.9*sqrt(V) - V)$$

*Barograf, siehe Glossar*

Dabei bedeutet:

    H        Auskühlung in kcal pro Quadratmeter und pro Stunde

    dT      Temperaturdifferenz zwischen Subjekt und Umgebung in Grad Celsius

    V        Windgeschwindigkeit in m/s

    sqrt(V)  Wurzel aus der Windgeschwindigkeit

**Windchill-Tabelle**:

| km/h | 10°C | 5°C | 0°C | -5°C | -10°C | -15°C | -20°C | -25°C |
|------|------|-----|-----|------|-------|-------|-------|-------|
| 5    | 10   | 4   | -2  | -7   | -13   | -19   | -24   | -30   |
| 10   | 9    | 3   | -3  | -9   | -15   | -21   | -27   | -33   |
| 15   | 8    | 2   | -4  | -11  | -17   | -23   | -29   | -35   |
| 20   | 7    | 1   | -5  | -12  | -18   | -24   | -30   | -37   |
| 25   | 7    | 1   | -6  | -12  | -19   | -25   | -32   | -38   |
| 30   | 7    | 0   | -6  | -13  | -20   | -26   | -33   | -39   |
| 35   | 6    | 0   | -7  | -14  | -20   | -27   | -33   | -40   |

| km/h | 10°C | 5°C | 0°C | -5°C | -10°C | -15°C | -20°C | -25°C |
|------|------|-----|-----|------|-------|-------|-------|-------|
| 40 | 6 | -1 | -7 | -14 | -21 | -27 | -34 | -41 |
| 45 | 6 | -1 | -8 | -15 | -21 | -28 | -35 | -42 |
| 50 | 6 | -1 | -8 | -15 | -22 | -29 | -35 | -42 |
| 55 | 5 | -2 | -8 | -15 | -22 | -29 | -36 | -43 |
| 60 | 5 | -2 | -9 | -16 | -23 | -30 | -36 | -43 |
| 65 | 5 | -2 | -9 | -16 | -23 | -30 | -37 | -44 |
| 70 | 5 | -2 | -9 | -16 | -23 | -30 | -37 | -44 |
| 75 | 5 | -3 | -10 | -17 | -24 | -31 | -38 | -45 |
| 80 | 4 | -3 | -10 | -17 | -24 | -31 | -38 | -45 |

# Windgeschwindigkeit

Sir Francis Beaufort hat 1805 eine Windgeschwindigkeitstabelle formuliert, die heute allgemein als Beaufortskala bekannt ist. Sie ist eine ausgezeichnete und ziemlich genaue Methode, um die Windgeschwindigkeit abzuschätzen.

| Beaufort | m/sec | km/h | Knoten |
|----------|-------|------|--------|
| 0 | < 0,5 | < 1,9 | < 1 |
| 1 | 0,5 - 1,8 | 1,9 - 6,4 | 1 - 3 |
| 2 | 1,9 - 3,3 | 6,5 - 12,0 | 4 - 6 |
| 3 | 3,4 - 5,4 | 12,1 - 19,4 | 7 - 10 |
| 4 | 5,5 - 7,9 | 19,5 - 28,7 | 11 - 15 |
| 5 | 8,0 - 11,0 | 28,8 - 39,8 | 16 - 21 |
| 6 | 11,1 - 14,1 | 39,9 - 50,9 | 22 - 27 |
| 7 | 14,2 - 17,2 | 51,0 - 62,0 | 28 - 33 |
| 8 | 17,3 - 20,8 | 62,1 - 75,0 | 34 - 40 |
| 9 | 20,9 - 24,4 | 75,1 - 87,9 | 41 - 47 |
| 10 | 24,5 - 28,5 | 88,0 - 102,8 | 48 - 55 |
| 11 | 28,6 - 32,6 | 102,9 - 117,6 | 56 - 63 |
| 12 | > 32,6 | > 117,6 | > 64 |

| Beaufort | Bezeichnung | Land | See |
|----------|-------------|------|-----|
| 0 | Windstille | Keine Luftbewegung, Rauch steigt senkrecht auf | Spiegelglatte See |
| 1 | Leiser Windzug | Wind nur an ziehendem Rauch erkennbar | Kleine, schuppenförmige Kräuselwellen ohne Schaumkämme |
| 2 | Leichte Brise | Wind im Gesicht fühlbar | Kleine, kurze Wellen, die Wellenkämme brechen noch nicht |
| 3 | Schwache Brise | Blätter bewegen sich, leichte Wimpel werden gestreckt | Die Wellenkämme beginnen sich zu brechen, nur ganz vereinzelt weiße Schaumköpfe |
| 4 | Mäßige Brise | Kleine Zweige bewegen sich, schwerere Wimpel werden gestreckt | Die Wellen werden länger, sind aber noch relativ klein, weiße Schaumköpfe schon relativ häufig |
| 5 | Frische Brise | Größere Zweige werden bewegt, der Wind im Gesicht wird unangenehm | Mäßige Wellen mit langer Form, überall weiße Schaumkämme, vereinzelt Gischt |
| 6 | Starker Wind | Große Zweige werden bewegt | Große Wellen, Wellenkämme brechen und hinterlassen größere Schaumflächen, teilweise Gischt |
| 7 | Steifer Wind | Schwächere Bäume werden bewegt, beim Gehen gegen den Wind fühlbarer Widerstand | See türmt sich auf, der Schaum beginnt sich in Windrichtung zu legen |
| 8 | Stürmischer Wind | Große Bäume werden bewegt, Zweige brechen ab, Gehen fällt schwer | Relativ hohe Wellenberge mit sehr langen Kämmen, von denen Gischt abweht, Schaum legt sich in Streifen in Windrichtung |

| Beaufort | Bezeichnung | Land | See |
|----------|-------------|------|-----|
| 9 | Sturm | Leichte Gegenstände werden aus ihrer Lage gebracht, Schäden an Dächern | Hohe Wellenberge, dichte Schaumstreifen in Windrichtung, erste Beeinträchtigung der Sicht durch Gischt |
| 10 | Schwerer Sturm | Bäume werden entwurzelt, Häuser beschädigt | Sehr hohe Wellenberge mit langen, überbrechenden Kämmen, See durch Schaum weiß, Sicht wird durch Gischt beeinträchtigt |
| 11 | Orkanartiger Sturm | Schwere Sturmschäden | Außergewöhnlich hohe Wellenberge, Kanten der Wellenkämme werden zu Gischt zerblasen, Sicht herabgesetzt |
| 12 | Orkan | schwerste Verwüstungen | Luft ist mit Schaum und Gischt gefüllt, See ist weiß, Sicht stark herabgesetzt, keine Fernsicht mehr |

# Einsatz aller Informationen

Kombinieren Sie jetzt den Höhenmesser mit der Windrichtung, der Temperatur und den Wolken, um das Wetter vorherzusagen! Im Folgenden sind einige allgemeine Beispiele aufgeführt. Bedenken Sie aber immer: Wäre die Wettervorhersage so einfach, wie es die folgenden Beispiele erscheinen lassen, dann hätten die Meteorologen immer recht!

# Warmfronten

## Aufzug einer Warmfront

Der Luftdruck fällt andauernd, und der Zeiger des Höhenmessers steigt. Der Wind kommt aus Südost oder Nordost und nimmt stetig zu.

Die Cirren gehen in Cirrostratus, dann in Altostratus später in Nimbostratus über. Mit der Verdichtung der Wolken fällt der erste Regen, der
immer stärker wird und seine größte Intensität hat, wenn die Front
durchzieht. Die Temperatur steigt dabei kontinuierlich an.

## Abzug einer Warmfront
Der Luftdruck beginnt langsam zu steigen. Der Wind hat seine Richtung geändert und kommt jetzt aus Süd bis Südwest. Der Nimbostratus
verschwindet und wird durch einen Stratocumulus ersetzt. Der
Niederschlag wird schwächer und geht in Niesel oder leichte Schauer
über.

# Kaltfronten
## Aufzug einer Kaltfront
Der Luftdruck fällt (der Höhenmesser steigt), erst langsam und dann mit
Annäherung des Unwetters deutlich schneller. Der Wind kommt aus
Südwest oder Nordost. Cumuluswolken gehen über in Cumulonimbus.
Kurze, aber ergiebige Regen- oder Hagelschauer gehen nieder. Leichte
Temperaturänderungen.

## Abzug einer Kaltfront
Der Luftdruck steigt steil an (der Höhenmesser fällt). Der Wind dreht
auf Nordwest oder Nord und wird böig. Die Cumulonimben beginnen
aufzureißen. Schauer und Gewitter treten abwechselnd auf, gefolgt von
plötzlichem Aufklaren. Die Temperatur fällt rasch.

# Okkludierte Fronten
## Aufzug einer Okklusion
Der Luftdruck fällt ständig. Die Windrichtung ist typischerweise aus O
oder NO, manchmal auch aus SO und dann zunehmend. Cirruswolken
gehen in Cirrostratus, dann Altostratus und letztlich Nimbostratus über.
Der Niederschlag nimmt weiter zu, während das Schlechtwettergebiet
durchzieht. Die Temperatur steigt langsam.

## Abzug einer Okklusion

Der Luftdruck steigt ständig. Der Wind komt meist aus SW bis W und nimmt ab. Die Wolken sind von der Art Stratocumulus bis Altocumulus mit langsamem Aufklaren des Himmels. Der Niederschlag hört langsam auf. Die Temperatur fällt ein wenig.

Wenn Sie sich an einem festem Ort befinden, dann versuchen Sie, die Windrichtung und die angezeigten Tendenzen auf Ihrem Höhenmesser zusammenzubringen, um auf mögliche Wetteränderungen zu schließen.

*Cumulonimbus*

# Bedeutung der Windrichtung für die Wettervorhersage

## Wind aus NW

Kommt der Wind aus nordwestlichen Richtungen und das Wetter hat sich beruhigt, dann können Sie für die nächsten 24 Stunden mit einem Anhalten des schönen Wetters rechnen, vorausgesetzt, der Höhenmesser bleibt unverändert oder zeigt eine langsame Höhenabnahme (Luftdruckanstieg) an. Hat es geregnet und Sie lesen eine Höhenabnahme ab, dann wird sich das Wetter in den nächsten Stunden bessern und der Himmel aufklaren. In beiden Fällen ist mit einer Temperaturabnahme zu rechnen.

Zeigt der Höhenmesser eine Zunahme an (Luftdruckfall) und der Himmel ist wolkenarm, dann hält das gute Wetter noch 24 Stunden an. Ist es stürmisch und/oder regnerisch und der Luftdruck fällt noch weiter, dann bleibt es regnerisch und stark bewölkt, auch wenn der kräftige Wind vorübergehend stark abnimmt.

## Wind aus SW

Kommt der Wind aus südwestlichen Richtungen und das Wetter ist relativ gut (kein Regen, nur teilweise bewölkt, leichter Wind), dann kann für die nächsten 12 bis 24 Stunden mit einer Fortdauer dieses guten Wetters gerechnet werden. Dies gilt besonders, wenn der Höhenmesser ein Absinken in der Höhe anzeigt (Luftdruckanstieg). Ist es jedoch regnerisch und man stellt anhand des Höhenmessers einen Verlust an Höhe fest, dann sollte das Schlechtwettergebiet in ungefähr sechs Stunden abgezogen sein.

*Cirrus*

Zeigt der Höhenmesser einen Anstieg (Luftdruckfall) und das Wetter war klar, dann ist innerhalb der nächsten 12 Stunden mit Regen zu rechnen.

Sollte es schon am Regnen oder schlecht sein, dann wird der Regen weiter zunehmen, aber es besteht die Chance, dass es in 12 Stunden aufklaren wird.

## Wind aus SO

Ist das Wetter gut, der Wind kommt aus SO und der Höhenmesser fällt (Luftdruckanstieg), dann bleibt es weiterhin schön. Ist es regnerisch, dann kann mit einem Aufklaren gerechnet werden, sobald der Höhenmesser anfängt, niedrigere Werte anzuzeigen.

Ein Höhenanstieg während einer Schönwetterphase kündigt aufziehenden Regen und möglicherweise hohe Windgeschwindigkeiten in den nächsten 12 Stunden an.

Ist es jedoch schon am Regnen und der Höhenmesser steigt noch weiter an, dann wird das Unwetter noch an Stärke zunehmen und es ist erst in 24 Stunden mit einem Aufklaren zu rechnen.

## Wind aus NO

Ist das Wetter gut und der Wind weht aus NO, dann wird bei abnehmenden Höhenwerten (Luftdruckanstieg) das gute, aber kühle Wetter anhalten. Ist es regnerisch, dann wird es bald aufhören zu regnen, aber es wird auch ein bisschen kälter.

Ist der Himmel klar, aber der Höhenmesser fängt an zu steigen, dann ist innerhalb der nächsten 12 bis 24 Stunden mit Regen zu rechnen.

Wenn es bereits regnerisch bei gleichen Luftdrucktendenzen ist, dann sind sehr starker Regen und Sturm zu erwarten, auch wird es deutlich kälter werden.

# Die Zeichen der Natur

*Cirrocumulus*

Der Mensch hat über Jahrhunderte gewaltige Anstrengungen auf sich genommen, um das Wetter zu studieren und Änderungen vorhersagen zu können. Schon lange vor dem Aufkommen hochentwickelter Messinstrumente hat der Mensch das Wetter untersucht, indem er alle ihm zu Verfügung stehenden Zeichen der Natur gedeutet hat. Er lauschte den Tieren, den Pflanzen, dem Wind, der Erde. Er benutzte seine Augen, seine Ohren, seine Nase und seinen Tastsinn. Es überrascht nicht, dass diese „altmodischen" Methoden fast genauso zuverlässig sind wie moderne. Sie können sich mit meteorologischen Geräten bewaffnen, aber verschließen Sie niemals Ihre Augen und Ohren gegenüber den Zeichen der Natur, von denen Sie umgeben sind!

*Cumulus*

## Morgen- und Abendhimmel

*Morgenrot - Schlechtwetter droht, Abendrot - Gutwetterbot*' - Diese Bauernregel besagt, dass man gegen Ende des Tages mit Regen zu rechnen hat, wenn der Morgenhimmel eine rote Färbung hat. Ist der Abendhimmel jedoch rot, bleibt das sonnige, gute Wetter am folgenden Tag gewöhnlich bestehen.

## Nebel

Ist die Dämmerung grau und es liegt Nebel in den Tälern, dann wird an diesem Tag das Wetter schön.

# Himmelsfarben

Regen und meistens auch Wind kündigen sich durch grünliche, gelbe, dunkelrote und graublaue Farbtöne an.

*Farbspiele*

# Gänse

Gänse haben den Ruf, nicht vor einem Unwetter loszufliegen. Biologen vermuten, dass es für sie unter Bedingungen des niedrigen Luftdruckes (dünnere Luft) schwieriger ist, beim Starten ausreichend Höhe zu bekommen. Oder es ist einfach so, dass sie sehr viel schlauer sind, als der Mensch glauben mag.

# Moskitos und Schwarze Fliegen

Jeder, der schon einmal an einem See oder Fluss gezeltet hat, während ein Schlechtwettergebiet aufgezogen ist, weiß, dass Moskitos und Schwarze Fliegen dann in großen Schwärmen auftreten. Das geschieht ungefähr zwölf Stunden, bevor das Unwetter aufkommt. Sie können wetten, dass das Schlechtwettergebiet fast über Ihnen ist, wenn die Plagegeisterparty nachlässt. Die kleinen Mistkerlchen fliegen ungefähr eine Stunde bevor das Wetter umschlägt weg, um sich zu verstecken.

# Frösche

Alle Froscharten haben eine unheimliche Art, einige Stunden bevor ein Unwetter aufkommt ihren Gesang zu verstärken. Nicht etwa, weil sie so gute Wetterpropheten wären! Vielmehr erlaubt es ihnen die zunehmende Feuchtigkeit der Luft bei Herannahen eines Schlechtwettergebietes, sich längere Zeit außerhalb des Wassers aufzuhalten, ohne dass ihre Haut austrocknet.

# Bienen

Ein Freund von mir ist Imker und erzählte mir einmal, dass Bienen unfreundliches Wetter spüren können. Bei Wetterverschlechterung schwärmen sie weniger aus und bleiben dichtgedrängt im Bienenstock.

# Seemöwen

Seeleute wissen, dass Sturm aufkommt und es besser ist, im Hafen zu bleiben, wenn sich die Möwen am Strand zusammenkauern und nicht auf das Meer hinausfliegen.

# Singvögel

Es gibt eine Theorie, die besagt, dass Singvögel am lautesten singen, kurz bevor ein Unwetter aufzieht. Natürlich verlangt dies, dass Sie die Lautstärke der Vögel in Ihrer Gegend den ganzen Tag lang genau registrieren. Es gibt noch eine ähnlich beliebte Theorie, derzufolge Singvögel kurz vor einem Unwetter still werden. Ich denke, das wahre Dilemma ist, zu wissen, welche Singvögel welches Lied zu welcher Zeit singen. Ich würde vorschlagen: Suchen Sie sich eine von beiden aus, aber richten Sie immer ein Auge himmelwärts, für alle Fälle.

# Quellen, Teiche und Höhlen

Natürliche Quellen scheinen stärker zu sprudeln, wenn schlechtes Wetter aufzieht. Das kann man als Antwort der Natur auf den Luftdruckabfall werten. Dieselbe Druckverringerung wirkt sich auch auf Teiche aus. Solche mit viel verwestem Grünzeug am Boden wirken plötzlich wie vergiftet, weil vom Grund Gasblasen aufsteigen, die an der Oberfläche als Schaum auftreten.

Stellen Sie sich in die Nähe eines Höhleneinganges, während schlechtes Wetter aufkommt. Sie fühlen ganz deutlich, wie Luft aus der Höhle strömt. Dies hängt auch mit der Verringerung des Luftdruckes zusammen. Die Luft strömt heraus, um den Druckunterschied auszugleichen. Jedoch bedeutet es nicht immer, dass ein Unwetter naht, wenn eine Höhle „atmet". Sie tut dies häufig auch als Reaktion auf Temperaturunterschiede.

# Pflanzen

Löwenzahn wird gerne als glaubwürdiger Anzeiger für das Herannahen einer Kaltfront bezeichnet. Er schließt seine Blüte, wenn die Temperatur unter 10°C fällt.

Beobachten Sie einmal ein Kleefeld und Sie werden bemerken, dass Klee seine Blätter nach oben rollt, wenn starker Wind aufkommt. Da Starkwind häufig einem Schlechtwettergebiet vorangeht, ist Klee ein zuverlässiger Indikator für dessen Aufzug.

Man könnte aber auch argumentieren, dass der Wind und nicht der Klee der Wetterbote ist.

# Haare

Hierbei ist nicht jeder gleichermaßen betroffen, und Frauen nehmen dieses Phänomen öfter wahr als Männer (vielleicht weil sie mehr auf ihr Haar achten?).

Haare reagieren auf Feuchtigkeitsveränderungen. Weil Haare ein zuverlässiger Indikator für gutes oder schlechtes Wetter sind, werden für Instrumente, die die Feuchte messen (Hygrometer), Haare als elementare Geräteeinheit benutzt. Wie ein Seil ändert Haar seine Länge, es dehnt sich aus, wenn es feucht wird, und zieht sich zusammen, wenn es trocknet. Glatte Haare bedeuten demnach trockenes Wetter. Gewellte oder lockigere Haare deuten auf feuchteres Wetter hin.

# Leinen, Hanf und Holzgriffe

Hanf und Leinen ziehen sich wie menschliches Haar zusammen, wenn sie austrocknen, und weiten sich, wenn sie feucht werden. Alte Holzfäller bemerkten Feuchtigkeitsänderungen früher dadurch, dass die Griffe ihrer Äxte anschwollen, wenn es feuchter wurde (bei nahendem Regen), und bei trockenem Wetter dünner waren.

# Wind

„Südwest - Regennest". Wenn Sie noch einmal in das erste Kapitel zurückblättern und die Überlegung aufnehmen, wie der Wind auf der Nordhalbkugel weht, dann erinnern Sie sich, dass Tiefdruckgebiete zyklonale Winde entstehen lassen, die gegen den Uhrzeigersinn in das Tief wehen. Tiefdruckgebiete bringen fast immer Regenwetter oder Unwetter mit sich. So passt der Reim auch in das Schema. Wind, der gegen den Uhrzeigersinn strömt, weht vom Südwesten und bringt den Regen heran.

Hochdruckgebiete sind sehr oft mit wolkenlosem (Sommer-)Himmel oder Wetterbesserung verbunden. Dabei strömt die Luft im Uhrzeigersinn aus dem Hoch. Achten Sie auf die Windrichtung und Sie werden immer die Finger am Puls des Wetters haben - schlägt er gut oder schlecht?

Es gibt noch eine andere Theorie, die glaubwürdig erscheint. Kommt der Wind erst aus dem Norden, dann aus Westen und schließlich aus Süden, dann steht Regen bevor. Eine Winddrehung von Süd über West auf Nord verspricht ein Ende des schlechten Wetters und ein Aufreißen des Himmels.

# Der Rauch eines Lagerfeuers

Beobachten Sie den Rauch Ihres Lagerfeuers, und Sie werden auf die Luftdruckverhältnisse in Ihrem Gebiet rückschließen können. Steigt der Rauch des Feuers nur schlecht auf und verschwindet in den Zweigen der Bäume, dann herrscht tiefer Luftdruck vor und Regen ist möglich.

*Rauch bei niedrigem Luftdruck*

*Rauch bei Hochdruckeinfluss*

Steigt der Rauch jedoch gerade nach oben auf, dann herrscht Hochdruckeinfluss und schönes Wetter kann erwartet werden.

# Halo um Sonne und/oder Mond

Im Sommer ist dies ein gutes Indiz für einen Wetterwechsel: Erkennt man um die Sonne oder den Mond einen dunstigen „Heiligenschein" (Halo) oder Hof, dann gibt es oft in den nächsten 12 bis 24 Stunden Regen.

# Rindvieh

Landwirte haben über Jahre ihr Vieh beobachtet, um aus seinem Verhalten auf Wetteränderungen schließen zu können. Es scheint so, dass sich das Vieh bei Wetterverschlechterung von exponierten Erhebungen zurückzieht und sich in Senken zusammenrottet.

# Lautstärke

Schall scheint sich schneller fortzupflanzen, wenn sich ein Tief nähert. Die höhere Feuchtigkeit trägt die Schallwellen besser, was noch vom zunehmenden Wind unterstützt wird.

# Die Ruhe vor dem Sturm

Hat in den vergangenen Stunden der Wind stark geweht und die Wolken schnell ziehen lassen, und plötzlich flaut der Wind ab, dann suchen Sie sich einen Unterschlupf, weil es bald anfangen wird, kräftig zu regnen.

# Kaffee

Alte Outdoor-Kämpen schwören auf die Blasen bei der Kaffeemethode. Vielleicht erklärt dies, warum so viele von ihnen Stunden damit verbringen können, in einen dampfenden Becher mit Javakaffee zu starren. Erstaunlicherweise scheint die Methode aber zu funktionieren. Hiernach verändert der Luftdruck den sogenannten Meniskus, d.h. die Oberflächenspannung des Kaffees. Bei hohem Luftdruck ist die Ober-

fläche wie ein Globus aufgewölbt. Bei niedrigem Luftdruck ist sie kon-
kav, so dass Blasen am höchsten Punkt an der Kaffeeoberfläche aufsteigen, und das ist am Rand.

Um die Kaffeevorhersage anwenden zu können, muss der aufge-
brühte Kaffee stark sein. Mit löslichem Kaffee geht es nicht, da in ihm
nicht genügend Öle enthalten sind, die eine ausreichende Oberflächenspannung bewirken. Gießen Sie den Kaffee in einen Becher (eine
Mug), am besten mit senkrechtem Rand. Rühren Sie den Kaffee ein-,
zweimal gut um und beobachten Sie die entstehenden Blasen! Wenn sie
mal hier und mal da auftauchen, um sich schließlich in der Mitte zu bilden, dann gibt es schönes Wetter. Halten sie sich jedoch am Rand der
Tasse, so naht ein Tiefdruckgebiet und es gibt wahrscheinlich Regen.

## Frost und Taupunkt

Gibt es nachts starken Frost oder viel Tau am Morgen oder am späten
Abend, dann ist das ein zuverlässiges Zeichen für eine Fortdauer des
guten (meist wolkenlosen) Wetters um mindestens 12 Stunden.

## Geruch

Manchmal kann man nahenden Regen auch riechen. Wenn sich näm-
lich ein Schlechtwettergebiet nähert, der Luftdruck fällt und die Feuchtigkeit zunimmt, fangen bestimmte Bodenarten an, stark süßlich zu
duften. Der Geruch erinnert an frisches Heu.

# Hobby-Meteorologie

Cumulus

Eine Wetterstation hinter dem Haus stehen zu haben, kann nicht nur Spaß machen, sondern auch recht nützlich sein. Kombiniert man ein wenig Erfahrung mit der richtigen Ausrüstung, kann jeder lernen, Wetteränderungen wenigstens 12 bis 24 Stunden im Voraus vorherzusehen, was einem die Entscheidung erleichtert, ob man einen Regenmantel oder die Sonnencreme für die Spritztour aus der Stadt mitnehmen soll.

*Windfahne und Anemometer*

Wetterstationen für den privaten Gebrauch sind durch die zunehmende Elektronisierung viel kompakter und technisierter geworden. Es gibt dabei Wetterstationen auf dem Markt, bei denen alle relevanten Informationen zu Hause aufgezeichnet werden können, ohne dass man nur einen Fuß vor die Tür setzen muss. Ein Kleincomputer registriert

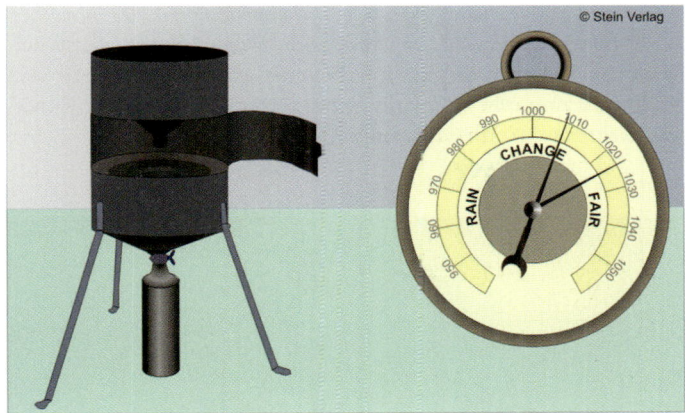

© Stein Verlag

*Regenmesser und Barometer*

die Windgeschwindigkeit und -rich-
tung, Temperatur, Luftdruckänderungen und den Niederschlag, der von
einem außerhalb (z.B. auf dem Dach)
installierten Gerät gemessen wird. Das
kann man wohl eine bequeme Wettervorhersage nennen!

Ein weiterer Pluspunkt ist, dass die
ganze Computerisierung zu einer deutlich unvoreingenommenen Vorhersage
führen könnte - man urteilt dabei weniger subjektiv und verlässt sich nicht
nur auf „Erfahrungswerte".

Mögen Sie es eher traditionell, dann
werden Sie sich vielleicht lieber eine
Wetterstation für draußen bauen wollen, bei der alle Instrumente dicht bei-
sammen sind, um einfacher abgelesen
werden zu können.

*Niederschlagsmesser*

Um den größten Nutzen aus einer Wetterstation zu ziehen, sollten Sie folgende Instrumente verwenden: Barometer, Anemometer, Windfahne und Thermometer. Ein Regenmesser und ein Hygrometer sind Geräte, die zwar sehr informativ, aber für eine einfache Wettervorhersage nicht absolut notwendig sind.

*Moderner Klimagarten in Glücksburg*

# Lesen einer Wetterkarte

Die Wetterkarte, die Sie jeden Tag in der Zeitung sehen, wird gewöhnlich vom nationalen Wetterdienst erstellt. Zwar sind diese Karten nicht gerade für eine zuverlässige Langzeit-Vorhersage ausgelegt, aber mit ein bisschen Übung ist es für jeden möglich, mit ihrer Hilfe annähernd vorhersagen zu können, welches Wetter in den nächsten 24 Stunden zu erwarten ist.

Will man eine Wetterkarte lesen, so muss man die entsprechenden Symbole verstehen. Die dünnen, schwarzen und leicht gewellten Linien, die sich durch die ganze Karte ziehen, sind **Isobaren**. Isobaren sind Linien gleichen Luftdrucks, ähnlich den Isohypsen auf topografischen Karten. Diese Linien zeigen die Luftdruckverteilung an, durch die die Luftströmungen hervorgerufen werden. Die Luft bewegt sich dort am schnellsten, wo die Linien am engsten beisammenliegen.

*Eine Wetterkarte*

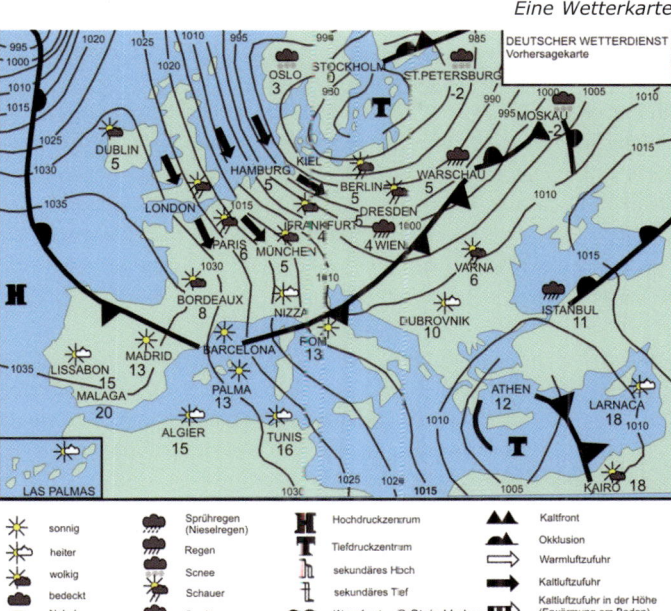

Drei andere schwarze, breite Linienarten auf der Karte haben geometrische Symbole: nur Dreiecke, nur Halbkreise und abwechselnd Dreiecke und Halbkreise nebeneinander. Sind nur Dreiecke angezeichnet, kennzeichnet dies eine Kaltfront, nur Halbkreise bedeuten eine Warmfront. Eine wechselnde Kombination aus Dreiecken und Halbkreisen stellt eine okkludierte Front dar. Die Symbole sind dabei auf der Seite der Kalt- oder Warmfront angezeichnet, in die eine Front zieht.

Windrichtung und -geschwindigkeit werden mit Hilfe sehr kleiner Symbole dargestellt, die eher an Musiknoten erinnern - ein kleiner Kreis mit einer winzigen Feder daran. Der Arm, an dem die Feder angezeichnet ist, zeigt in die Richtung, aus der der Wind kommt.

Schattierte Gebiete auf der Karte sind Gegenden, in denen Niederschlag fallen soll. Schauen Sie sich im Symbolschlüssel, der unter jeder Karte steht, an, wie Regen und Schnee unterschieden werden.

## Entwickeln Sie Routine!

Machen Sie jeden Tag zur selben Zeit Ihre Wetterbeobachtungen und ändern Sie diesen Ablauf nicht. Sie brauchen nicht mehr als 10 bis 15 Minuten pro Tag, aber die Stetigkeit ist der Schlüssel zur Genauigkeit. Achten Sie darauf, Ihre Beobachtungen und Kommentare stets in ein Logbuch einzutragen. Dann können Sie auch zurückblättern, die Geschichte des Wetters verfolgen und damit die Muster verstehen, die zu verschiedenen Wettersystemen führen.

▷    Schauen Sie in den Himmel! Beobachten und identifizieren Sie so viele Wolken, wie Sie können! Notieren Sie ihre Zugrichtung und ob sie zu einem großräumigen System gehören. Sind sie im Entstehen oder werden sie kleiner? In welcher Reihenfolge bilden sie sich?

▷    Bestimmen Sie die Windgeschwindigkeit und Windrichtung, indem Sie die Windfahne und das Anemometer ablesen (oder mit Hilfe der Beaufortskala abschätzen)! Hat es im Vergleich zu gestern eine Änderung gegeben? Inwiefern? Nimmt der Wind zu oder ab? Deuten Windrichtung und Wolkenaufzug auf das Herannahen einer Front?

▷    Überprüfen Sie die Temperatur und den Luftdruck! Ist es wärmer oder kälter geworden? Warum? Ist der Luftdruck gestiegen oder gefallen oder gleich geblieben? Aus welchen Gründen? Wie passen diese Informationen mit der Wolkenbildung zusammen?

*Cumulus*

▷    Überprüfen Sie am Regenmesser, wie viel Niederschlag gefallen
     ist!

▷    Tragen Sie alle Informationen in Ihr Logbuch ein! Ihr Logbuch
     kann natürlich aussehen, wie Sie es wollen, aber es sollte
     getrennte Spalten für folgende Einträge enthalten: Datum, Zeit,
     Windrichtung, Windgeschwindigkeit, Temperatur, Luftdruck,
     Niederschlag, Vorhersage, Änderungen.
     Veränderungen einzutragen ist sinnvoll, um nachvollziehen zu
     können, weshalb Ihre Vorhersage nicht eingetroffen ist. Verges-
     sen Sie dabei nicht einzutragen, warum sich die Verhältnisse
     ändern konnten. Es ist auch sinnvoll, eine eigene Spalte aufzu-
     machen, in der Bedingungen wie Frost, Tau oder Nebel eingetra-
     gen werden.

# Glossar

**Adiabatische Abkühlung**: Abkühlung der Luft durch Aufsteigen.

**Adiabatische Erwärmung**: Erwärmung der Luft durch Absinken.

**Anemometer**: Instrument zur Messung der Windgeschwindigkeit. Angaben meist in Meter pro Stunde oder Knoten.

*Anemometer und Windsack*

**Atmosphärischer Druck**: Das Gewicht einer Luftsäule auf die Erdoberfläche, gemessen mit einem Barometer in mm oder hPa (früher mB).

**Aufwind**: Eine aufwärts gerichtete Strömung, die meist dadurch verursacht wird, dass der Boden von der Sonne aufgeheizt wird und die Luft darüber aufsteigen lässt.

**Barograf**: Zeichnet den zeitlichen Verlauf des Luftdrucks auf eine papierbespannte Trommel auf.

**Barometer**: Instrument zur Messung des Luftdruckes.

**Coriolis-Effekt**: Der Einfluss der Erdrotation auf bewegte Luftteilchen. Dabei wird die strömende Luft auf der Nordhalbkugel nach rechts, auf der Südhalbkugel nach links abgelenkt.

**Düseneffekt**: Wird eine Luftströmung durch eine Verengung (Schlucht, dichte Bebauung, enge Passstraße) gezwungen, dann kommt es zu einem Druckabfall und damit zu einer Beschleunigung der Luftströmung.

**Fallwind**: Eine nach unten gerichtete Luftströmung aufgrund einer Temperaturabnahme der Luft, oft infolge von Niederschlag.

**Föhn**: Relativ starker, warmer und trockener Wind, der in den Tälern auf der Leeseite von Gebirgen einfällt.

**Front**: Die Grenze zwischen zwei Luftmassen, benannt nach der dominierenden, vorankommenden Luftmasse - Warm-, Kalt- oder Okklusionsfront.

**Geschwindigkeitsangaben**: Fernsehwetter in km/h, in der Meteorologie in m/s, Fliegerei in Knoten

**Graupel**: Kleine Hagelkörner in Form von klumpigen, weichen, aber gefrorenen Regentropfen, die gelegentlich aus Gewitterwolken fallen. Sie sind weicher als Hagel, aber massiger als Schneeflocken.

**Grüner Blitz**: Eine selten zu sehende und damit ein etwas mystisch erscheinendes Naturphänomen beim Sonnenuntergang. Er ist sofort nach Verschwinden des roten Sonnenrandes hinter einem klar definierten Horizont zu sehen. Der grüne Blitz entsteht durch Brechung des Sonnenlichtes an unterschiedlich dichten Atmosphärenschichten und dauert nur einen Bruchteil einer Sekunde.

**Hagel**: Er entsteht typischerweise in großen, stark wachsenden Cumulonimben. Dabei gefrieren Regentropfen, wenn sie von Aufwinden nach oben gerissen werden, und wenn sie schwer genug sind, fallen sie durch die Aufwinde hindurch zur Erde. Großer Hagel entsteht, wenn Hagelkörner antauen, sich noch mehr Regentropfen ansammeln und sie dann wieder gefrieren. Hagelkörner so groß wie Tennisbälle sind schon beobachtet worden.

**Halo**: Ein Halo kann manchmal um die Sonne oder den Mond entdeckt werden, wenn sich Eiskristalle in Form von Cirruswolken zwischen die Lichtquelle (Sonne) und den Beobachter schieben.

**Hitzeglocke**: Der unsichtbare Turm heißer Luft, der sich über einer Stadt aufbaut und nicht abziehen kann, weil Schadstoffe und Schmutzpartikel darüber liegen.

**Hochdruckgebiet**: Eine Luftmasse, deren Luftdruck größer als der normale Luftdruck ist. Man bezeichnet ein solches Gebiet auch als Antizyklone.

*Hygrometer*

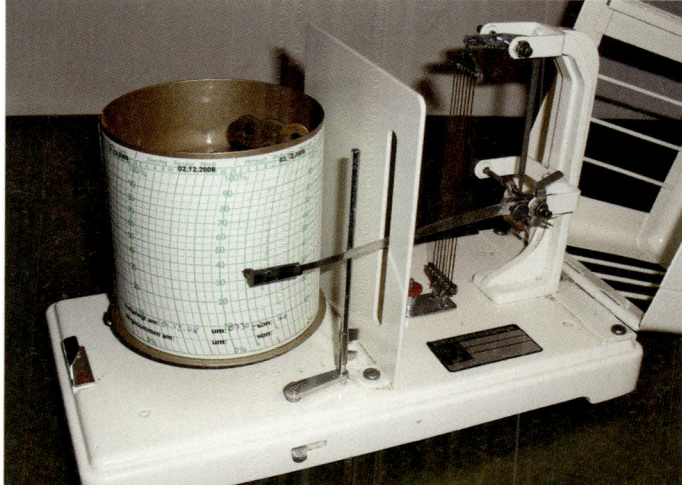

**Hof**: Einen Hof kann man sehen, wenn das Licht der Sonne oder des Mondes durch eine dünne Schicht von Wolken hindurchscheint. Oft sieht der Hof aus wie eine verwischte gelb-weiße Scheibe, die den Mond oder die Sonne umgibt. Häufig ist der Innenrand bläulich und der Außenrand schmutzig braun.

**Hygrometer**: Ein Instrument, mit dem der Betrag der Luftfeuchte, d.h. der Feuchtigkeit, gemessen wird.

**Isobaren**: Linien auf einer Wetterkarte, die Linien gleichen Luftdruckes anzeigen.

**Koaleszenz**: Der Zusammenschluss von Wolkentröpfchen, die dadurch zu Regentropfen anwachsen, bis sie groß genug sind und durch die Atmosphäre auf die Erde fallen.

**Lee**: Die windabgewandte Seite.

**Luv:** Die Seite, die dem Wind zugewandt ist.

**Nebel**: Kleine kondensierte Wassertröpfchen, die wie Regen nässen. Er kann auch aus tiefhängenden Stratuswolken als ganz leichter Sprühregen ausfallen.

**Nebensonnen**: So werden Zweitsonnen genannt, die auf beiden Seiten der Sonne erscheinen können. Sie entstehen durch Lichtbrechung an Eiskristallen in der Luft.

**Niesel**: Ein sehr leichter Regen. Die Tropfen sind gleichförmig, sehr klein und fallen typischerweise aus Stratuswolken.

**Orografische Hebung**: Wenn physikalische Hindernisse, wie z.B. Gebirge, die Luft zum Aufsteigen zwingen, dann nennt man das eine orografische Hebung.

**Ozon**: In rund 25 km Höhe existiert eine Schicht, die Ozonschicht, die wie ein Schutzschild die Erde vor ultravioletter Strahlung schützt. Eine Ozonabnahme oder eine Ausdünnung dieser Schicht wird u.a. durch Fluorchlorkohlenwasserstoffe herbeigeführt. FCKW werden in Kühlschränken, Klimaanlagen, industriellen Lösungsmitteln, Sprühdosen und bei der Herstellung von Isolationsschaum und Schaumstoffen verwendet. In Erdbodennähe ist Ozon giftig, über zulässige Grenzwerte streiten die Experten. Es entsteht durch fotochemische Reaktionen und aus Autoabgasen, trägt zum Waldsterben bei und verursacht gesundheitliche Schäden beim Menschen.

**Raureif**: Gewöhnlich sieht man ihn nur an frei liegenden Felsvorsprüngen oder anderen Objekten nahe einem Berggipfel. Er entsteht, wenn eine unterkühlte Wolke über einen Gipfel zieht und dabei Wolkentropfen an den Felsen hängen bleiben und sofort gefrieren. Dabei bilden sich dann wunderschöne Eisformationen, die etwas Märchenhaftes an sich haben. Eisformen von fast einem Meter Länge, die von Baumzweigen und Felsvorsprüngen herunterhängen, sind nicht selten.

**Regen**: Größer als Niesel, aber weniger gehaltvoll als Schauer, besteht Regen aus einheitlichen Wassertropfen, die aus Nimbostratuswolken und Altostratuswolken zu Boden fallen.

**Regenbogen**: Wenn Sonnenstrahlen durch einen Wassertropfen treten, dann wird das Licht an der eintretenden und der austretenden Kante des Tropfens gebrochen und in seine Spektralfarben zerlegt, die wir als Regenbogen mit dem Auge wahrnehmen.

**Regentropfen**: Im Gegensatz zu dem weitverbreiteten Mythos haben Regentropfen nicht die Form von Tränen. Im Gegenteil, kleine Tropfen sind rund, große Tropfen etwas zusammengedrückt. Ihre Form wird durch die Reibung in der Luft bestimmt.

**Relative Feuchte**: Der Anteil von messbarer Feuchte in der Luft.

**Sättigungspunkt**: Auch bekannt als 100-%-Feuchte ist der Sättigungs-punkt der Punkt, an dem die Luft keine weitere Feuchte mehr aufneh-men kann.

**Saurer Regen**: Regen, der ätzende Schadstoffe wie Ruß, Kohlensäure, Schwefel- und Salpetersäure etc. enthält, welche von Fabriken und Autos produziert werden. Saurer Regen tötet Seen biologisch ab und macht sie damit unfähig, Tier- und Pflanzenleben zu erhalten. Er lässt auch die Vegetation und Bäume sterben.

**Schauer**: Schauer sind kurze Regenfälle, die aber sehr ergiebig sein können, weil ihre Regentropfen groß sind und aus stark entwickelten Wolken wie Cumulonimbus fallen.

**Schnee**: Gefrorener Niederschlag, der viele kristalline Formen annimmt, deren Aussehen von der Temperatur und dem Feuchtegehalt der Wolken abhängt, in denen der Schnee entstanden ist.

**Schneeregen**: Niederschlag, der teilweise gefroren und teilweise flüs-sig ist. Er entsteht hauptsächlich, wenn Nieselregen durch kalte Luft fällt und von außen anfriert. Das stechende Gefühl von nassem Eis auf der Haut ist sehr unangenehm.

**Taupunkt**: Der Taupunkt ist die Temperatur, bei der die relative Feuch-te 100 % ist. Das hat zur Folge, dass der Wasserdampf in der Atmo-sphäre kondensiert und Wolken (Nebel) entstehen.

**Thermometer**: Instrument zum Messen der Lufttemperatur und ihrer Änderungen.

**Tiefdruckgebiet**: Eine Luftmasse, deren Luftdruck niedriger als der normale Luftdruck ist.

**Literatur,
Internetlinks**

# Literatur

**Wie wird das Wetter?**, Jörg Kachelmann und Siegfried Schöpfer, Rowohlt. Eine leicht verständliche Einführung in die Wetterkunde. ISBN 978-3-499-62089-8

**Die BLV Wetterkunde: Das Standardwerk**, Günter D. Roth, 2011, Blv Verlag, ISBN 978-3-8354-0842-5. Wie Wetter entsteht - umfassend und für jeden verständlich erklärt.

**Altes Wetterwissen wieder entdeckt Bauermregeln · Wolken & Wind · Tiere & Pflanzen**, Bernhard Michels, 2011, Blv Verlag, ISBN 978-3-8354-0739-8

**Wind und Wetter: Wie das Klima entsteht und sich verändert**, Olivier Le Carrer, 2008, Knesebeck Verlag, ISBN 978-3-89660-527-6.

**Wissen, wie das Wetter wird: So mache ich meine eigene Vorhersage**, Claus Keidel, 2006, Blv Buchverlag, Vom Laien zum Wetterfrosch: Wolken und Wind interpretieren, Beobachtungen in der Natur, Wetterkarten richtig lesen, Fallbeispiele und regionale Besonderheiten, ISBN 978-3-83540-052-8.

Zu empfehlen sind auch die Veröffentlichungen des Deutschen Wetterdienstes, z.B. 'Wetterkundliche Lehrmittel' Nr.10, 'Kleine Wetterkunde' oder andere.

# Internetlinks

- www.wetter3.de
- www.wetterzentrale.de
- www.dwd.de
- www.unwetterzentrale.de
- www.top-wetter.de

# Wetterregeln

*Hochnebel im Gebirge*

Hier finden Sie zusammengefasst auf einen Blick die wichtigsten
Anzeichen für das zu erwartende Wetter. Zusammen mit der Beobach-
tungsfähigkeit, die Sie inzwischen erworben haben, gibt er Ihnen eine
Grundlage, um die Wetterentwicklung über 24 Stunden vorhersehen zu
können.

## Das Wetter wird gut, wenn:

▷     der Wind aus West oder Nordwest weht,
▷     der Luftdruck gleich bleibt oder langsam steigt,
▷     Schönwettercumuluswolken am Himmel sind,
▷     morgendlicher Nebel bis zum Mittag verdunstet ist.

## Es gibt Regen oder Schnee, wenn:

▷     der Luftdruck fällt,
▷     Cumuluswolken weiter in den Himmel wachsen,
▷     ein Halo um den Mond herum zu sehen ist,
▷     Cirruswolken sich weiter verdichten und sich die Wolkenhöhe
      verringert,
▷     sich der Himmel verdunkelt,
▷     der Südwind an Stärke zunimmt,
▷     der Wind gegen den Uhrzeigersinn dreht (ein typisches Beispiel
      hierfür ist, wenn ein Nordwind auf West und später auf Süd
      dreht, ein Tief zieht heran).

## Eine Wetterbesserung ist zu erwarten, wenn:

▷     der Luftdruck schnell steigt,
▷     der Südwind wieder auf West dreht,
▷     sich die Wolkenuntergrenze in größere Höhen verlagert.

## Niedrige Temperaturen sind zu erwarten, wenn:

▷     die Nacht klar, der Himmel wolkenlos und es windstill ist,
▷     im Winter der Luftdruck steigt,
▷     der Wind von Südwest auf West und später Nordwest dreht und
      dabei hochreichende Cumulus und Cumulonimbus entstehen.

# Buchtipps aus dem

## Kanuwandern

Rainer Mareik
OutdoorHandbuch Band 11
*Basiswissen für draußen*
144 Seiten  ▸  64 farbige Abbildungen
31 farbige Illustrationen

ISBN 978-3-86686-011-7

>> **ekz:** *„ein nützlicher und praktischer Ratgeber für die Vorbereitung einer Kanutour."*

## Seekajak

Björn Nehrhoff von Holderberg & Stefan Jahn
OutdoorHandbuch Band 65
*Basiswissen für draußen*
89 Seiten  ▸  54 farbige Abbildungen
8 farbige Illustrationen

ISBN 978-3-86686-352-1

>> **Kajakmagazin:** *„Die wichtigsten Grundlagen und Verhaltensregeln vermittelt auf anschauliche Weise [dieses] Outdoor-Handbuch."*

## Knoten

Manuela Dastig & Dieter Großelohmann
OutdoorHandbuch 3
*Basiswissen für draußen*
96 Seiten  ▸  14 farbige Abbildungen
über 180 farbige Illustrationen

ISBN 978-3-86686-377-4

>> **Sprint:** *„Vom Achterknoten über Palstek und Chirurgenknoten bis hin zum Windsorknoten, hier sind alle Informationen über Taue, Seile und Nylons zu finden."*

# Conrad Stein Verlag

## Karte Kompass GPS

Reinhard Kummer
OutdoorHandbuch Band 4
*Basiswissen für draußen*
128 Seiten ▶ 85 farbige Abbildungen

ISBN 978-3-86686-404-7

>> **Berlin Alpin:** *„Diese kleine Navigationslehre enthält die Grundkenntnisse der Standortbestimmung mit den drei Navigationsmitteln Karte, Kompass und GPS."*

## Angeln

Harald Barth & Ronald Metzger
OutdoorHandbuch Band 21
*Basiswissen für draußen*
169 Seiten ▶ 91 farbige Abbildungen

ISBN 978-3-86686-021-6

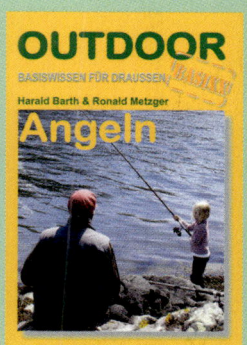

>> **Blinker:** *„Auf 169 Seiten wird in knackiger Form alles vermittelt, was Sie über das Angeln wirklich wissen müssen [...] - kein relevantes Thema wird ausgelassen."*

## Wintertrekking

Dietmar Heim & Dirk Klawatzki
OutdoorHandbuch Band 70
*Basiswissen für draußen*
122 Seiten ▶ 40 farbige Abbildungen

ISBN 978-3-86686-070-4

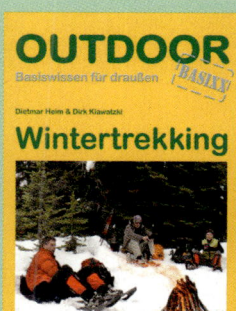

>> **gipfelglück.de:** *„Die Autoren schreiben mit wirklich viel Begeisterung, trotz aller Mühsal und allen Gefahren, und die Begeisterung ist auch ansteckend."*

# Index

Cumulus und Cirren